我们一起解决问题

内向优势

性格内向者的潜在竞争力

[日] 神农祐树 著

杨本明 曾琪之 译

内向型人間
だからうまくいく
▼
内向不是缺陷
而是一种与众不同的能力

人民邮电出版社
北京

图书在版编目（CIP）数据

内向优势：性格内向者的潜在竞争力 /（日）神农
祐树著；杨本明，曾琪之译. -- 北京：人民邮电出版
社，2021.9
　ISBN 978-7-115-56734-5

　Ⅰ. ①内… Ⅱ. ①神… ②杨… ③曾… Ⅲ. ①内倾性
格－通俗读物 Ⅳ. ①B848.6-49

中国版本图书馆CIP数据核字(2021)第118160号

内 容 提 要

　你是否为自己的内向而烦恼？你是否曾想过转变为性格外向的人？其实，内向不是弱点，更不是性格缺陷，我们需要深入理解内向型性格的特质。只要找到正确的打开方式，内向型性格就不再是你的短板，而会成为你独具的魅力和优势。

　本书作者作为内向型性格群体的代表，现身说法，总结了其多年来进行性格指导的实践经验，并通过鲜活的案例生动描述了内向型性格的特质和优势。作者详细讨论了在这个崇尚外向型性格的社会中，内向的人是如何被看待与对待的，并提出了内向者发挥和强化自身性格优势、摆脱现实与心理困境、实现自我成长的有效方案。

　本书摒弃一切空洞的理论和教条，深度体认内向型群体，帮助其重拾自信、遵从本心，将性格转化为优势，迸发更大力量改变人生境遇。本书同样启发外向者理性地认知自我和关照他者，发现内向者的闪光点，取长补短，与其和谐相处。

◆ 　著　　[日] 神农祐树
　　译　　杨本明　曾琪之
　责任编辑　谢　明
　责任印制　胡　南
◆ 人民邮电出版社出版发行　北京市丰台区成寿寺路 11 号
　邮编 100164　电子邮件 315@ptpress.com.cn
　网址 https://www.ptpress.com.cn
　涿州市般润文化传播有限公司印刷
◆ 开本：880×1230　1/32
　印张：7.75　　　　　　　2021 年 9 月第 1 版
　字数：150 千字　　　　　2025 年 6 月河北第 15 次印刷
　著作权合同登记号　图字：01-2020-7188 号

定　价：59.80 元
读者服务热线：（010）81055656　印装质量热线：（010）81055316
反盗版热线：（010）81055315

勇敢向内看吧，

你会看到自己的光。

愚公子

独立动画导演、插画师

畅销书《内向游戏》作者

前　言

　　大家好，我叫神农祐树，是一名心理咨询师，现在我主要以内向型性格咨询师的身份开展一些业务培训、在线讲座、社会活动及媒体活动，以帮助内向型性格的人发挥自己的性格优势。

　　而我本人就是一名性格内向者。此前，我并不太喜欢自己的性格。

　　我从小就不擅长社交，也没有什么朋友和熟人。我既不善于和陌生人搭讪，也不喜欢和朋友在电话里聊天。

只要一去嘈杂、人多的地方，我就会感到疲惫，我曾一度为此感到自卑。我也讨厌无关紧要的闲聊和电话，因为它们会影响我的注意力。

研究生毕业开始工作以后，我愈发感到自卑。因为公司里的同事大多与我相反，他们精力充沛、性格外向、善于社交。这些人每天从早到晚，把行程安排得满满当当，能够同时处理大量工作。他们能够很快和陌生人"打成一片"，在饭桌上也很擅长营造气氛。

跟他们一比，我对自己简直"深恶痛绝"。我就是一个这样的人——非常容易疲劳，无法同时处理大量工作，也不善于逢场作戏。

于是，我开始"发奋图强"，试图提高自己的沟通能力，立志成为一个善于社交的人，就像外向的同事们那样，可是依然无功而返。最后，我陷入了自我怀疑和自我厌恶的情绪之中。

为什么当时我认为内向的人非要变成外向的人呢？这是因为充斥于市场的励志类图书多是推崇外向型性格的。例如，企业家堀江贵文先生在《多动力》一书中写道："未雨绸缪就是浪费时间，我们不必深思熟虑。兵贵神速，最重要的是抢占先机，我们甚至可以一边前行一边思考。""我可以一个晚上连着去十多家酒馆。"……然而，内向的人大多深谋远虑、谨小慎微，不喜欢草率行事，更何况一个晚上去十多家酒馆也会让一个正常人精疲力竭吧。

后来我才发现，即便我们刻意模仿与自己性格不同的人，也会无果而终。我之所以讨厌自己的性格，并为此懊恼不已，是因为我曾被社会的主流价值观所左右，它引导我成为外向的人。但是，我后来发觉内向的人只要活出自我即可。如今，已有很多日本人因充分发挥自己的内向型性格优势而获得了成功。

话虽如此，日本社会所追求的理想性格还是外向型的，这一点毋庸置疑。所以除了我之外，应该还有许多人因为自己太过内向而"哀吾生之多艰"。

于是我辞去了原来的工作，做起了"内向者的人生导师"，去帮助那些正在为内向型性格而苦恼的人。

在日本，人们还不是很了解内向型性格和外向型性格的区别。为此，很多人对自己不是外向型性格而感到自卑，他们就像曾经的我一样。

而我现在已经知道自己是内向型性格的人，对自己有了信心，也能够快乐地生活，所以我想让那些内向的人了解内向是什么，让他们活出自我。于是，我怀着这种想法开展了专门针对内向者的咨询业务。

市场上有一些关于内向型性格的优质图书。不过这些书的作者多是西方人（他们或是心理学专家，或是脑科学专家），对于我们这些因内向型性格而苦恼的东方人来说，我们很难对书中的内容感同身受。

于是，我写了这本有关内向型性格的书。这是一本启发内向的人如何在当今社会获得自信、发挥优势、快乐生活的书。这本书里有很多经验，有我自己接触到的具体实例，也包括我自己的经历。

本书包括以下几个主要部分。

第一部分讲述了我是如何在推崇外向型性格的社会中意识到自己是一个内向者的；第二部分从脑科学的角度介绍了内向型性格的特征；第三、第四部分介绍了内向者在现实中碰壁时应该如何应对；第五部分告诉内向者如何发挥自己的性格优势；第六部分结合我的培训班学员的经历，为大家提供了实战策略。

在进入正文之前，我为大家准备了一份内向型性格诊断测试（包括 30 道题），据此可以判断你是不是一个内向型性格的人。

如果你是一个内向的人，也无须担心，因为无论是内向型还是外向型，都有很多杰出的人才。

但是，要想发挥自己的能力，就必须了解自己的性格。如果你知道自己擅长什么、不擅长什么，自然就能找到可以充分发挥优势的生活方式。

如果你苦于自己的内向型性格，那么请一定阅读这本书，将你的内向变成强项。你也将找到一种轻松自在的生活方式。

内向型性格诊断测试

//////////////////////////////////

请回答以下问题（符合的请标"○"），并判断你是外向型性格还是内向型性格。

1. 比起和一群人聊天，你更喜欢和一个人单独交谈。

2. 疲惫时，你不喜欢见朋友，更喜欢一个人待着。

3. 你不擅长应付不感兴趣的话题，不喜欢无目的的闲聊。

4. 有人认为你是一个冷漠的人。

5. 即便你在参加活动时非常开心，回家后还是觉得身心疲惫。

6. 你做事不喜欢冲动，更喜欢在深思熟虑后再采取行动。

7. 有重要的约会时，你满脑子想的都是这件事。

8. 独自一人待一整天你也不会感到难受。

9. 当别人问你问题时，你可能会一时愣住无法立刻回答。

10. 你对气味、味道、天气和噪声都比较敏感。

11. 你平时沉默寡言，但是对于你喜欢或感兴趣的话题，则会滔滔不绝。

12. 你不擅长同时做几件事情，更喜欢专注于一件事情。

13. 你非常清楚自己喜欢谁或不喜欢谁。

14. 有人认为你是一个沉着而冷静的人。

15. 如果你不知道一项工作的目的和意义，就没有干劲。

16. 你不喜欢打电话直接沟通，希望尽量通过邮件沟通。

17. 你不擅长社交辞令，不喜欢说言不由衷的奉承话。

18. 你有时会不由自主地陷入沉思。

19. 在别人面前发言时，你常常会提前写下你要讲的内容。

20. 对于人际交往，你更喜欢"少而精"，而不是"多而杂"。

21. 在嘈杂的地方或当周围有人时，你无法集中注意力。

22. 你有时会过多地考虑别人的感受。

23. 你不擅长应对类似"最近怎么样"之类的模糊问题。

24. 当你专心工作时，不喜欢别人前来搭话。

25. 在新环境中，你会感到紧张。

26. 与说话相比，文字更容易表达你的想法。

27. 你愿意把钱花在你认为值得的东西上，而不愿意花在豪车、名表等"面子工程"上。

28. 你不擅长和别人谈论你的感受和想法。

29. 当你情绪低落时，往往会一个人沉思，而不是向别人倾诉。

30. 你比别人更容易察觉细节。

诊断结果

////////////////////

"○"的总数为 20 ~ 30 个：

恭喜你，你属于内向型性格的人。

在这个倡导外向和开放的社会中，如果想保持真正的自我，深入了解内向的本质特征是非常必要的。你可以学习独特的沟通方式、工作技巧以及避免疲劳的小窍门，从而充分发挥内向型性格的优势。

////////////////////////////

"○"的总数为 10 ~ 19 个：

15 ~ 19 个属于偏内向型性格的人；

10 ~ 14 个属于偏外向型性格的人。

　　你是一个兼备内向与外向性格的人。"○"的数量在 15 ~ 19 个的人偏内向，"○"的数量在 10 ~ 14 个的人偏外向。也就是说，有时你想独处，有时你想和朋友们一起玩耍。重要的是要了解自己何时会变得内向、何时会变得外向，你需要在这两者之间找到一个平衡点。

////////////////////////////

"○"的总数为 0~9 个：
你属于外向型性格的人。

　　对于本书中描述的内向型性格的特征，你可能没什么共鸣。但即使你是性格外向的人，我也建议你给自己留出独处的时间深入思考，掌握发挥内向优势的技能并不是毫无用处。除此之外，了解内向型性格也能帮助你和内向型性格的人和谐相处。

////////////////////////////////

目 录

第一章　不必改变你的内向型性格

第二章　内向者的大脑特征

第三章　　内向工作法

第四章　内向社交法

///

第五章　放大你的潜在性格优势

【工作篇】

【社交篇】

第六章　和你一样的内向者

【案例篇】

第一章

不必改变你的
内向型性格

你是否一直都在为自己的内向型性格而感到烦恼不已？

例如，你常苦于不知如何与初次见面的人交流，在众人面前开不了口；当身处喧闹的环境中时，你会感到身心俱疲；你更喜欢独处。以上几个皆是内向者的显著特征。

即使你属于这种内向型性格的人，你也不必为此忧心忡忡，你并非"孤家寡人"。因为研究表明，在日本大约每三个人中就会有一个内向的人。

当然这也意味着还有两个人是外向的人。外向的人善于交流，思维敏捷，做事雷厉风行，可以同时推进好几项工作。

你是否很崇拜他们，希望自己也变成外向的人？

我想，你完全没有必要为自己的内向型性格感到烦恼。因为内向根本就不是弱点。

重要的是我们要好好地了解内向型性格的特点，找到适合内向者的生活方式。这样一来，内向就不仅不是弱点，甚至还可以转化为优势。

所以，不必改变你的内向型性格，或者说根本就不应该改变。

当内向型性格成为你的压力时

我曾一度为自己是内向的人而感到苦恼。

我属于典型的性格内向的人。从学生时代起，我就喜欢独处，不擅长与初次见面的人交谈。大学时代，无论我在哪里打工都难以长久。有一次我在一家亲子餐厅打工，因为一起工作的同事都比较年长，我感到很恐慌，只做了两个月就辞职了。我无法融入他们的圈子，更不擅长用玩笑话拉近距离。可是，我不喜欢这样的自己，甚至因为不会社交而觉得自己"罪孽深重"。

不过，这些有关性格的烦恼在我开始工作之后才开始真正"浮出水面"。

最初，我在某家医疗器械制造厂做销售助理。这份工作相当忙碌，我当时需要对接几十名销售员。每天我周围都充斥着"帮我整理一下资料""帮我调出这个数据"之类的指令。

虽说在忙不过来的时候我也可以拒绝，况且其中有些请求与工作无关。但是，我并没有拒绝，也没去追问这些工作的意义何在，最后这导致我的工作堆积如山。

也就是在那时，我发现自己很害怕接电话。我是一个喜欢三思而后行的人，而那些需要立即回复的电话经常令我惶恐不安。

手头的工作被电话打断，我无法集中注意力，这真让人难以忍受。这绝不是因为我无法专心致志，而是因为转换思路需要花费时间。接完电话后，我无法很快再将注意力转移到工作上。

另外，与几十名业务员保持沟通，这也让我感到压力很大。我在给他们发送邮件后，时常会担心"我那样写会很失礼吗""对方会生气吗"之类的问题，这让我十分苦恼。

在那段时间里，我越来越讨厌自己的性格。

崇尚外向型性格的日本社会

于是,我开始努力让自己变得外向。当时的我认为在职场中,外向的人更加优秀,而唯有成为外向的人才是职场人正确的选择。如今想来,这个想法大错特错。

想必有很多内向的人像那时的我一样,想要成为一个外向的人。因为现在的社会风气就是这样,人们认为外向是优势,而内向则是劣势。

大多数现代日本人认为性格外向更好。他们觉得,外向的人八面玲珑,和谁都能"打成一片",内向的人应该"洗心革面"。我们时常听到有人说"我想变得更加活泼、外向",可你听到过有人说"我想变得更加内向"吗?

同样的道理,人们普遍认为"能同时处理多项任务很重要""有了想法就应该立即行动"，而这些能力都与内向型性格没有太大关系。

因此，在这个世界上，总体来说还是外向型性格的人更受欢迎。

公司里有很多人和我不同，他们属于外向的人。他们即使工作繁忙，也能很好地应对突如其来的电话，更能雷厉风行地处理多项工作。毋庸赘言，这样的人还擅长交际，为公司内外诸多人士所喜欢。

换句话说，这就是所谓的"会来事的人"，人们普遍希望自己能成为这种人。

为了变得外向而努力

我急切想变成一个性格外向的人。首先，我努力讨好销售人员和客户。工作的时候，就算忙得焦头烂额也会回应别人抛过来的问题，并且不再单独一个人吃饭，时刻提醒自己要与领导和同事"打成一片"。

为此，我对酒局是"照单全收"。即使心有不甘、精疲力竭，我也从不缺席。就连完全不感兴趣的话题，我也参与其中。我模仿擅长接电话的同事的语气，尝试着去克服自己的"电话恐惧症"。除此之外，我还买了提高交际能力的书和教人如何制造话题的书。

说起来这样做真是扼杀真实的自我，但当时我就认为这么做才是正确的。

可是即便如此，我的性格还是没有发生任何改变。

现在想一想，没有发生改变是很正常的事。为什么这么说呢？人的性格与生俱来，并非轻易可以改变。你就是你，你不可能成为别人。

原来我是一个内向的人

　　然而，那个时候的我还不知道"内向型性格"这个词。我只是隐约觉得"自己不会交往""喜欢独处的时光"，但还没有遇到这个可以对我的性格一言以蔽之的概念——内向型性格。

　　直到有一天，我在网上看到了一篇关于内向型性格的文章，里面详细列举了内向型性格的几大特征，我心想这说的不就是我吗？

　　于是，我知道了自己是内向型性格的人。同时，我也知道了这个世界上除了我之外，还有很多人和我一样因为性格内向而苦恼不已。

　　后来，我开始研究内向型性格。我发现在欧美，尤其在美国，关于内向型性格的心理学研究非常流行，我也因此了解了关于内向型性格的各种见解。正如后文中我将要介绍的，近年来有关"内向型性格"的研究成果层出不穷。

在接触到内向型性格这一概念后，我最大的收获就是明白了"内向不是弱点"。其实，内向型性格就很好，我们不必特意做出改变。

过去的时代需要外向的人

是的，内向不是软肋。内向和外向之分，正如性别之分一样，没有孰优孰劣之说。那么，为什么当今社会认为外向型性格更好呢？

这是因为时代的制约。

在没有网络，甚至连电话都没有的时代，人和人之间几乎都是面对面进行交流的。因此，外向的人常常处于优势地位，他们能够迅速与人聊起来，并能立即回答他人的问题。

美国作家苏珊·凯恩（Susan Cain）因一系列有关内向者的论述而广为人知，她在书中写道："推销员的出现导致了外向型性格被推崇。"在商业迅速发展的今天，推销员的角色越发重要，他们要对很多陌生人微笑，以便推销商品，于是外向型性格被视如珍宝。在日本也不例外，"推销员型"性格亦被人推崇。

但是，时代在变化，交流的手段也趋于多样化。如今，"不见面"的沟通已经常态化，还有很多不需要立即回复的沟通方式，如电子邮件。线上会议和远程办公等这些非面对面的工作方式也已经得以实现。时代的变化弥补了内向者的不足之处。

内向者的独特优势

我认为，所谓的内向者的弱点根本就"不算事儿"。内向者的优势也并没有因时代的改变而丧失。我将在后文中详细阐述内向者有许多外向者所不具备的优点。

说到底，包括读者在内，世界上有许多内向的人。这恰好证明了内向不是弱点，而是优点。如果内向单单是弱点的话，那么它在适者生存、优胜劣汰的自然进化过程中早就被淘汰了。

生物进化是一个漫长的过程，它会增加对生存有利的基因，减少对生存不利的基因。长颈鹿的脖子之所以变长，是因为脖子较长的个体能吃到高处的树叶，这有利于它们生存。短脖子长颈鹿的基因由于不适宜生存而被淘汰。

众多内向者的存在，意味着内向型性格有很多优点，这些优点对生物的生存和发展有利。让我们神驰到原始社会，外向型性格的人也许擅长集体狩猎，但这并不足以让人类生存下去。我们还需要有人去制作猎具、加工猎物、制定策略，而这些事情或许更适合内向型性格的人去完成。

当然，这只是一种猜测，但毫无疑问，内向者和外向者各司其职，推动了社会的发展。顺便说一句，已经证实人类以外的生物也有类似"内向／外向"这一性格差异。

比如，人们发现，有名的观赏鱼孔雀鱼可以细分为两类：一类是慎重型，这类常见于天敌多的地方；另一类是活泼型，这类常见于天敌少的地方。它们会根据栖息地而改变自己的性格。还有一点很有意思，孔雀鱼的性格并非后天习得，而要归因于遗传。这也恰恰证明了"内向型性格"和"外向型性格"各有千秋，并无优劣之分。

这也就是说，内向型性格也是生物的一大优势。而且，时代正在变得对内向者更为有利。可以认为，内向型性格的弱点开始消弭，优势开始凸显。可以说，对于内向者而言，这是一个更容易生存的时代。

意识到自己的内向

内向者之所以感到"生之多艰"，不仅仅因为社会对外向者情有独钟，还有内向者自身的原因。他们误认为"外向型性格最理想"，这导致他们没有意识到自己的优势。我曾经就是其中一员。

既然社会的评价准则已经与外向的人画上等号，那么励志类图书和培训讲座的终极目标就基本变成了"如何成为外向型性格的人"。泛滥于当下的诸如"外向者的成功经验""有了想法，就要行动""是骡子是马，牵出来遛遛"等说教无一不是以外向型性格为前提的。

当然，有时当机立断和雷厉风行也有可圈可点之处。我绝不是否定外向型性格，但是对于内向者来说，外向型的生活方式原本就不适合他们。

如果一个人天生就适合长跑，你却硬要把他训练成短跑运动员，那么他根本无法发挥自己的优势，也无法和原本就适合短跑的人竞争。缘木求鱼，只会徒增他的烦恼。但是，如果他意识到这个世界上除了短跑，还有其他选择，并且意识到自己更适合长跑，那他就会豁然开朗。同样，内向者首先要意识到自己是一名内向者。

接受自己的内向

如上所述，至少对我来说，我意识到世界上有内向的人，也意识到自己是一个内向的人。这样一来，我就觉得自己原来的性格也挺好的，心情就变得很舒畅。

在这之前，我一直因为不能与人积极交往而感到羞愧，但现在我不再这样想了。我开始认为，还有一种人际关系是不需要与很多人打交道的。除此之外，工作时即使周围的人聊得热火朝天，我也没有必要去凑热闹。过去我认为自己有义务加入别人的圈子，但在意识到自己是个内向的人以后，就感到没有必要这么做了。

因此，如今我在工作中表现得泰然自若。

我曾害怕别人认为我"不会交际"或"性格阴暗"。但这种情况从未发生，事实上，我在工作中得到了越来越多的正面评价。

有人告诉我："很高兴你能对我说出你想说的话。"

总之，"你必须是一个外向的人"只不过是一个假命题。就像外向者有自己的行为方式一样，内向者也有自己的行为方式。对于内向者来说，最重要的就是要认识到这一点并找到适合自己的生活方式。

总　结

1. 人的性格可以分为内向型和外向型。在日本，每三个人中就有一人是内向者。

2. "外向型性格最理想"的观点正在慢慢改变，人们发现内向也有内向的好处。

3. 不要刻意模仿外向者，勇敢地接受自己是一个内向的人。

第二章

内向者的
大脑特征

那么，内向者是怎样的人呢？

著名分析心理学创始人、精神科学家、心理学家卡尔·古斯塔夫·荣格（Carl Gustav Jung，1875—1961 年）将人的性格分为外向型和内向型。距今约 100 年前，荣格将内向者与外向者区分开来，他描述内向者的特征是对自我的内心世界（如思想和幻想）感兴趣；外向者的特征则是对外部世界（如他人和外界事物）感兴趣。

在荣格之后的 100 多年里，随着研究的不断深入，人们对内向者的了解逐步加深。内向者具有很多特征，比如"喜欢独处""稳重恬静"等。此外，在"是否对刺激敏感""是否容易疲劳""是否能够集中注意力"等方面，我们也可以观察到内向者所具有的共同特征。对此，我将在后面详细论述。

在本章中，我将分析内向者具有哪些特征，以及产生这些特征的原因。如果你认为自己是内向型性格，那么你可以一边对照自己的行为与性格，一边阅读下文。

内向的人有何特征

首先，内向者喜欢独来独往，他们不像外向者那样总是被人前呼后拥。

不过，内向者不一定有社交恐惧症，他们大多都有极少数可以信任的朋友和熟人，并与这些人一直保持来往。但是，他们并不是和每个人都来往，也不轻易向刚认识的人敞开心扉。

换言之，他们有严格的择友标准。内向者有朋友，但数量不多，并不是谁都能和他们做朋友的。这就是内向者的择友观。

同样，虽然内向者常常给人留下沉默寡言的印象，但他们也并非一直闷不吭声。他们会和好朋友聊喜欢的东西。内向者只是不擅长与刚认识的人聊天，也不擅长那些无关痛痒的闲谈。

不过，整体而言，内向者大多不喜欢口头交流，而更擅长书面交流。比如，他们不喜欢打电话，更喜欢发邮件。

内向的人还有一个特点：他们很容易在精神上感到疲惫。

比如，很多外向者喜欢参加人山人海的聚会、可以结交新朋友的酒会、震耳欲聋的音乐会，但内向者往往对此望而却步。这是因为这些场合常常令内向者身心俱疲。

喜欢独处、朋友很少、不喜欢嘈杂的场合和过度刺激。大家有没有发现自己或身边的人具备以上特征？这些就是内向型性格的人常见的特征。

内向是天生的

你是具有以上特征的内向者，还是具有不同特征的外向者？这是由先天决定的。换句话说，在你出生的那一刻这一点就已经决定好了。一个人即使在让人容易变得内向的环境中长大，也不一定会变得内向。

最晚在婴儿出生后四个月的时候，内向和外向的差异就已经有所显现。哈佛大学教授杰罗姆·卡根（Jerome Kagan）等人曾做过一个实验，他们将四个月大的孩子暴露在各种感官的刺激下，包括人类的声音、酒精的气味和五颜六色的玩具。这项实验的目的是调查人的反应是否存在个体差异。

实验结果显示，人与人之间存在巨大的个体差异。约 20% 的婴儿反应激烈、大声哭闹、手舞足蹈；约 40% 的婴儿反应不大；其余婴儿的反应介于两者之间。据卡根描述，反应不大的婴儿长大后将成为内向型性格的人。

从这个实验可以看出，内向者和外向者的差异是天生的，就像有些孩子天生跑得快，有些孩子却天生跑得慢一样。

那是什么导致了内向者和外向者的性格差异呢？跑得快 / 慢可能是心肺能力和腿部肌肉发达程度不同所导致的。那么性格的差异从何而来呢？

相比从前，人们对内向型性格的研究已经有了很大进步，但是想了解其全貌仍有很长的路要走。因此，为了帮助大家深入了解内向型性格，我将参照专家的研究成果，简单地介绍一下内向者的大脑特征。

内向者的大脑特征 1：脑回路更长

内向者的大脑至少有三个特征，这直接决定了内向者的性格特征。这三个特征的发现得益于脑科学的进步。

很多人都知道，内向者处理信息的大脑回路比外向者更长、更复杂。经正电子发射型计算机断层显像（PET）检测发现，内向者大脑中的血液主要流向处理记忆、计划等内部体验的区域，而外向者大脑中的血液主要流向处理视觉、听觉和触觉等外部刺激的区域。局部血液流量增加意味着这些区域非常活跃。脑科学的最新发现间接证实了迄今为止有关内向型性格的研究是正确的。

大脑的血流量增加，意味着大脑更加活跃，也说明思维、情感等精神活动更加活跃。

脑回路长导致反应慢

这些大脑特征对内向者的行为方式有着深远的影响。比如，当一个内向者被问到"你最近怎么样"时，他们会花很长时间思考这个问题并做出回答。因为内向的人会挖掘自己过去的记忆和感受，并做出各种预设，他们会思考"为什么要问我这个问题""我应该怎么回答""我最近在做些什么"，等等。

而外向者的大脑处理信息的方式并不复杂，所以他们可以不假思索地回答"哦，我很好"。这表明外向型性格的人反应快，所以外向型性格的人往往在社交上来者不拒、八面玲珑。前文中曾提到，我过去在公司上班的时候，不擅长即刻回复别人的问题，我现在才知道，那是因为我的脑回路长，反应需要时间。

内向的人之所以从外观上看起来就很内向，并且高度敏感，我认为这都与他们的脑回路长有关。因为在处理信息的时候，内向者需要一直独自沉思，所以给人以性格内向的感觉。另外，内向型性格的人对于一个简单的信息（如"你最近怎么样"）也会进行全方位的思考，这可能正是导致他们高度敏感的原因之一。

我想即使不考虑脑科学，很多人根据个人经验也会认为，内向型性格的人总是深思熟虑、高度敏感。人们的这种直觉已经得到了科学的证实。

内向者的大脑特征 2：对多巴胺高度敏感

研究表明，内向者的另一个特征是对多巴胺高度敏感。可能很多人都听说过"多巴胺"，它是一种在大脑中传递信息的神经递质。神经递质有很多种，多巴胺是其中最重要的一种，它与运动、动机、快感和兴奋有关。当你干劲十足或感到快乐时，大脑就会分泌大量多巴胺。

多巴胺过剩会导致妄想症和依赖症，而多巴胺不足则会导致抑郁症和注意力不集中。兴奋剂之所以会产生快感和兴奋，是因为它们能催生大量的多巴胺。总之，多巴胺对于大脑而言至关重要。

然而，大脑对多巴胺的需求量存在个体差异，即"多巴胺敏感度"因人而异。内向者对多巴胺的敏感度高，简而言之，他们的大脑只需少量的多巴胺就能"心满意足"。因此，内向者不必寻求太多刺激，在外界看来他们会显得彬彬有礼或过于沉闷。

另外，因为外向者对多巴胺的敏感度较低，所以他们需要大量的多巴胺。由于多巴胺是通过刺激来释放的，所以外向者比较活跃，喜欢寻求刺激。

内向者的刺激阈值低

内向型性格的人对多巴胺高度敏感，这意味着他们的刺激阈值低。此处所说的刺激除了声音、光等物理性刺激外，还包括新状况、交流等信息的刺激。

上智大学特聘教师山下龙一等研究者回顾了过去 100 多年里有关内向和外向的心理学研究成果。通过分析他们认为，"对刺激的反应程度"在前期研究中一直倍受重视（参考《关于外向和内向概念的文献综述》，山下龙一、横山恭子著，上智大学心理学年报）。一个人对刺激的耐受性与其性格是内向还是外向有很大的关系，这一点在脑科学中已经得到证实。

"刺激阈值低"这一特质是了解内向者的重要指标。因为内向者的许多行为都源于这种特质。或许你已经注意到，本章开头列举的所有内向者的特征都与"刺激阈值低"这一特质有关。

那么，我们来分析一下内向者的人际关系。建立人际关系和与人交往属于较大的刺激，所以内向的人不会轻易和他人亲近。

他们不擅长打电话，不喜欢身处嘈杂的地方，这也是因为他们对刺激的耐受性差的缘故。外向者视为甘怡的刺激对于内向者来说却是让他们身心俱疲的"毒药"（当然，很多人都不喜欢有刺激的东西，如酒精或咖啡）。可是，显而易见，内向者的特征源于"刺激阈值低"这一特质。但是，"刺激阈值低"这一特质并不能诠释内向者的全部性格特征。

内向者的大脑特征 3：副交感神经占主导地位

内向者大脑的第三个特征是副交感神经系统占主导地位。

自主神经系统影响着人的身心健康和感情世界，它受到大脑的支配。自主神经系统包括交感神经系统和副交感神经系统。大部分人可能都听说过交感神经系统。

两种神经系统各自发挥着不同的作用。

交感神经系统通常被称为"战斗 / 逃跑"的神经系统，它是一种在紧急情况下起关键作用的神经系统。我们的祖先在被肉食动物追赶或猎杀动物时，他们的心率和血压上升、瞳孔放大、手心出汗，这些现象皆与交感神经系统有关。这种功能一直延续至今，不曾改变。虽然这么说不一定很确切，但我们可以用一句话概括："人们在兴奋时，最活跃的便是交感神经系统。"

但是，内向者的神经系统更偏向于副交感神经系统。它与交感神经系统形成鲜明的对比，其主要作用是降低心率和血压，让身心得以放松。副交感神经占据主导地位以后，曾被交感神经"打压"的消化、排泄、身心调节就开始变得活跃起来。

人们在日常生活中会无意识地分开使用交感神经系统和副交感神经系统（如果两者之间失去平衡，就会出现所谓的自主神经系统紊乱），但哪一种神经系统占主导地位却因人而异。大量研究表明，对内向者而言，副交感神经系统更占优势。

紧要关头，是冷静还是兴奋

是交感神经系统占主导地位，还是副交感神经系统占主导地位，这一点深刻影响了人们在紧急情况下的反应。当压力产生时，占主导地位的自主神经系统便会启动。

比方说，你听到人们喊"着火了"，紧接着你闻到一股烧焦的味道，发现浓烟开始四处弥漫。

这时，外向者体内的交感神经系统就会开启，正如我在前面提到的"要么战斗，要么逃跑"——我虽然不知道他们是会拿起灭火器冲上火场，还是会逃之夭夭，但是他们的身心都会处于一种火力全开的状态。

与之相反，内向者的副交感神经系统会开启，他们会变得极其冷静。如果遇到火灾，他们会冷静地行动，判断火源，及时报警。

大脑决定了内向者的特质

接下来，我们将根据以上三个特征来研究内向者的特质。

比如，一般认为内向者通常都很沉稳或冷静，其中一个原因可能如前所述，是因为大脑回路长，交谈时需要时间思考。但他们对多巴胺高度敏感，且倾向回避刺激，这也使得内向者在外人看来很沉稳。副交感神经系统发挥主导作用让他们在外人眼里显得处变不惊。

只要内向者明白内向型性格是大脑的特性使然，就能更好地了解自己。在这一前提下，内向的人应该怎样处理人际关系，应该如何开展工作，也就一清二楚了。

不是反应迟钝，而是深谋远虑

通常人们认为内向者深思熟虑耗时多，或者工作效率低。有时内向者也会这样评价自己，但事实并非如此。内向的人并不是大脑迟钝的人。

就像我在第一章中提到的，在公司上班的时候，我不擅长公司内部的沟通。原因有好几个，但主要原因是我不擅长发邮件。比方说，我有一个关于工作的问题，要发电子邮件给我的老板。最简单的沟通方式应该是：我发邮件给老板→老板回复→礼貌性致谢。

但对于我来说，在给老板发邮件前，我就开始瞻前顾后，担心"老板会不会很烦""我应该怎么写才好"。最后我终于鼓起勇气把邮件发了出去，等收到回复后，我反复阅读，唯恐触犯了

"天威"。最后，我发邮件感谢他时，又会思前想后："我是否应该稍微道歉一下？""是不是长篇累牍的邮件更能表达我的感激之情？"这些都让我苦不堪言。

旁观者可能会认为我是一个工作效率低下的人。但是，我的大脑却一直在高速运转。之所以花了这么长的时间，是因为我有太多的事情要考虑。而考虑得很多，可能是因为我的脑回路太长的缘故。

需要时间来集中注意力

有没有内向者觉得自己注意力不集中？这种想法是错误的。不是你注意力不集中，而是你要花很长时间才能集中注意力。

内向者的脑回路长导致其需要花费更多的时间才能集中注意力。为了集中注意力，你需要整理思路，提取重要信息，但如果你的脑回路很长，思考诸多事项就要花更多的时间。

此外，内向型性格的人在受到声音、光照等刺激后注意力会下降，所以他们需要更长时间集中注意力。例如，在办公室吵闹的环境中，你是否因嘈杂的电话声、喧闹的交谈声而无法集中注意力？

然而，一旦集中注意力，内向者的能力就不容小觑。你有没有这样的经历：当处于能够集中注意力的环境时，你总能超常发挥，有时连自己都会惊叹不已？这个特征在工作中尤为重要，我们在后面再讨论。

容易消耗精力

我想有很多内向者都会觉得自己易疲劳、体力差。我也属于这种类型。

但这种想法是不正确的。不是说内向的人体力不行（当然，体力因人而异，肯定有体力不支的内向者），而是他们的体能消耗的速度较快。

这是因为他们容易受到刺激，而刺激容易给身心带来压力。在有些刺激之下，外向者可能丝毫感觉不到压力，而内向的人却会感到极为耗神。

最为重要的是，内向者消耗的往往不仅仅是体力，还有精力。即便一直坐着工作，虽然你的体力还很充足，但是你的精神会变得疲劳。

喜欢独自沉思

从脑科学的角度，我们可以解释为什么内向者似乎更喜欢独处。

首先，因为独处可以让内向者避免过度紧张。独处的时间是用来回忆过去和幻想未来的，这种天马行空的想象属于轻度刺激，可以让他们乐在其中。读书或看电影的时间也是如此。当然，动身去旅行，拜访朋友亦是有趣的事，但是对内向的人来说，这些活动刺激性强，会让他们感到疲惫。

另外，内向者的脑回路长就意味着他们更容易享受这种幻想和想象。如果你的大脑考虑事情简单的话，对于脑海中浮现出的"去年的这个时候我做了什么"这样的疑问，你可以很快就得出"我和家人去广岛旅游了，玩得很开心"这样的结论。但是对于同样的问题，性格内向的人从"去年的这个时候……"这一句开始，就会有一连串的联想，比如"我去了广岛，那里的杂菜饼很独特""因为当时我在南方，所以晒黑了一圈""妈妈好像很开心"等。

此外，这可能与副交感神经系统占主导地位有关。在正常情况下，当交感神经系统占主导地位时，我们处于兴奋状态，是不会有太多幻想的。"徜徉于天马行空的幻想中"大多发生在放松的时候，比如我们躺在床上或假期在沙发上休息的时候。

世间伟大的发明、解决难题的策略、深奥莫测的哲学或许就诞生于这种沉思的时刻。由此看来，内向者喜欢独处只是一种结论，真正的原因在于其大脑的特点。

沉浸于喜怒哀乐之中

内向的人感受性强、脑回路长，他们对于喜怒哀乐，能像牛反刍一样反复回味。

这种特性是一把双刃剑。

感受性强意味着你可能更容易感受到焦虑和悲伤，而脑回路长则意味着焦虑和悲伤会被不必要地放大。从这一点来说，这不是一件好事。

反之，这一特性同样可以作用于欢喜和愉悦的事情上。比如对于昔日的一点小喜悦，他们可以反复回忆，并从中感受到幸福。内向者的人生也有着这样幸福的一面。

因此我要再强调一次：内向者可不是阴暗、消极的人，他们也是可以享受很多小幸福的人。

外向和内向，绝非孰优孰劣的问题，只不过是天生的性格差异罢了。

内向的人像空调一样

你是内向型性格还是外向型性格，这不仅会影响你的沟通，而且会影响你的工作。这对于刚刚进入社会的人来说尤为重要。

内向的人有一个突出的特点，就是不擅长同时处理多个任务。

内向者转换思维需要时间，所以无法同时进行多项工作。

我经常把外向的人比作电视机，把内向的人比作空调，只要你按一下遥控器上的开机按钮电视机就会开机，只要你再按一下频道按钮就能快速切换频道。但如果是空调的话，在你按下按钮后，你必须等待一段时间空调才能出风，而且空气变暖要花时间，而当空调从供暖转为制冷时，模式转换也需要时间。

内向的人，就像空调一样，需要花时间启动和切换模式。人们在处理多个任务时，一般需要快速切换模式，先处理 A 任务，再处理 B 任务，当 B 任务完成后再转到 C 任务，然后再回到 A 任务，等等。内向的人不擅长这种工作模式。

这个特征也与内向者不擅长聊天或打电话有关。为了应对工作中的闲聊和电话，他们必须切换模式，外向者切换模式很快，内向者则需要花费更多的时间。

内向者的自趋力

工作需要激情，研究表明，内向者与外向者对待工作的热忱程度不同。

外向的人主要从"外部"获得动力，如奖励和表扬，而内向的人则倾向于从"内部"寻求动力。简单地说，内向的人只有在自己想做的事情上才有动力。他们的动力并非源于高收入或高社会地位等外界的奖励。

我也是如此。除非我了解"这项工作的意义"和"我为什么要做这项工作"，否则我就没有动力做领导安排的工作。

我曾和一位销售人员进行过交流。从中我了解到，他的老板是一个外向型性格的人，工作干练、对下属要求严格。这位老板自然也给他提出了很高的工作指标，这让他不堪其苦。

如果你是一个外向者，仅仅"老板给你分配任务"这一外在因素就会激发你的积极性。

但这位销售人员是一位内向者。所以我建议他寻找工作的意义，并用他认为合适的方式开展工作。于是他改变了工作方式，不再事无巨细地向老板汇报，转而把自己的目标改为提升自己的技能，而不是只想着完成任务，最后他自然而然地希望提高自己的营业额。

不会闲聊可不是我的错

内向者不善于闲聊。讨论他们不感兴趣的事情，会消耗他们有限的精力，会让他们感觉很累。因为午餐时光和酒会需要闲聊，所以他们往往对此退避三舍。在别人看来，他们不擅长社交。这也是为什么内向者看起来很无趣的原因之一。

那么，内向者的工作态度和不擅长闲聊这两点究竟与内向者的大脑有何关联？在我看来，这是因为内向者重视自己内在的动力和个人价值观，或者是因为他们更倾向于内省。荣格也说过，外向型性格的特点是"对外部世界感兴趣"，而内向型性格的特点是"对自我的内心世界感兴趣"，也就是说内向者的意识是面向内部的。

当你听说有人不在意外部奖励，或者不和大家一起吃午餐、不参加酒会时，听起来似乎这个人不像一名合格的社会人，但事实未必如此。换个角度看，内向的人不会轻易受到外界环境影响，他们可以根据自己内心的标准冷静地做出判断。

自我检讨型的内向者

其他研究表明，外向的人容易受到外部奖励的诱惑，易陷入赌博的陷阱。他们容易受到"这次我可能会赚钱"的外界刺激，从而做出错误的决定。

实际上，有人认为内向的人比外向的人更适合做投资。众所周知，被称为"投资之神"、拥有近 10 万亿日元资产的美国投资家巴菲特就是内向型性格。

内向的人虽然和外向的人一样会聊天，但他们不会谈论自己不了解的事情。据说，巴菲特就不是一个不懂装懂的人。从他本人身上我们也能看到内向者的其他特征，比如说话字斟句酌、交友精益求精等。

内向者通常都很冷静。这可能是因为他们是自我检讨型的，并且他们在放松时，也是副交感神经系统占主导地位。

找到自己的核心价值观

自我检讨型、不易受外界影响，这些都意味着内向者内心有坚定的价值观和信仰支柱。但是，现实中很多内向者却不一定清楚自己的价值观，这导致他们很烦恼。

可能有人会有这样的印象：内向者优柔寡断。

的确，从某种程度上说，内向者是优柔寡断的。如前所述，内向者的特点是思绪转换慢，所以这导致他们决策慢，而我认为这是他们在深思熟虑。

我也是一个优柔寡断的人。哪怕只是买点东西，我也经常举棋不定：到底是该买这个，还是那个？（我的妻子是个外向的人，决策能力很强，所以她给了我很多帮助。）

然而，我从来不会失去理智，不会买一大堆自己不喜欢的东西。烦恼归烦恼，但我是一个很有主见的人。虽然我被琐碎的事情所困扰，但我的核心价值观岿然不动。

内向的人也许会在小事上迷失方向，这是因为他们没有意识到自己的想法。我们有必要花时间去思考各种各样的问题，用自己的价值观衡量眼前的事物。因此，我认为找出自己真正的核心价值观很重要。

善解人意的内向者

当内向者意识到自己的价值观和想法时，他们可能会感到精神压力。因为内向的人对刺激敏感，深思熟虑，同时也善于察言观色，很在意周围人的价值观和想法，这样就会经常遭遇自我与他者价值观发生冲撞的窘境。

对方怎么看待我的价值观？我们的分歧应该如何解决？你可能经常有这样的担心。

然而，这也不是弱点。社交中，了解你和对方的差异非常重要。内向者与人交流和理解他人的能力将有助于他们的工作和生活。

但是，我们要注意不要过分察言观色，也不要一次与太多人交流。

不要因为过分注重别人的感受而背叛了自己的价值观。拥有自己的价值观和想法是内向者的魅力所在。

而且在聚会时或在酒吧里和很多人聊天对内向者来说刺激性太强。我认为一个内向的人最多一次只能和三四个人交谈。在理想状态下，他们应该在一个安静的地方"一对一"地交谈。

独处就能满血复活

对于外向者来说，他们会从外界寻求很多刺激，且认为与他人接触很重要，也很开心。但对于内向者来说，与他人接触太多会让他们疲惫不堪，仿佛身体里储存的体能和精神能量因为与他人的接触而消耗殆尽了。这是因为社交对内向者来说是一种很大的刺激。

因此，内向型性格的人感到疲惫时，最好的解决方式就是独处。这会让他们从人际关系的压力中解脱出来，精力也会迅速得到恢复。

但是请不要误会，内向不一定就等于社交恐惧症。内向的人也喜欢且需要与他人交流。如果一直独处，他们可能会因为缺乏刺激而感到无聊。内省的倾向可能会让内向者误以为自己有社交恐惧症，而这只是他们在自寻烦恼。

如果你觉得社交太多，那就独自度过整个周末吧；如果你觉得社交不足，比如你是自由职业者，那就找个机会联系你的朋友，尽量保持社交上的供求平衡。

也有疯狂的时候

就像外向者偶尔喜欢独处一样，内向者也不是一年 365 天、一天 24 个小时都喜欢一个人待着。有时他们也有趋于外向的行为。

我在好朋友面前很开朗，只要聊到我感兴趣的与内向型性格有关的话题，我都可以侃侃而谈。

这就是内向者的一大特征，当他们与"死党"在一起时，或者遇到感兴趣的话题时，他们就会变得外向。我曾遇到过这样一位咨询者，他平时话不多，但是当提到他的爱好露营时，他能滔滔不绝地说上几个小时。

无论我们是外向者还是内向者，我们在生活中都会不自觉地使用交感神经系统和副交感神经系统。我建议大家要"活用"自己的性格。

你不用想"我是一个内向的人，我应该独处"，也不用想"我应该尽量避免刺激"。如果你是不处于内向模式就无法进行深刻自省的人，那么偶尔做一个外向者，果断采取行动将是非常有益的。只不过内向者在内向和外向的天平上轻微偏向内向型性格而已。

重要的是，我们要准确地了解自我，了解当下自己想要什么、想做什么。如果你需要休息，就应该休息；如果你想要刺激，就应该适度享受刺激。只要对自己坦诚即可。

不必"克服"内向型性格

想必各位读者应该已经明白，内向只是源于大脑的一种特质。性格没有好坏之分。就像问"短跑运动员和长跑运动员谁更厉害"一样，完全是无稽之谈。内向的人有自己的长处，外向的人也有自己的优势。

内向型性格的人需要花费时间才能提起兴趣，他们的注意力一旦被打断，就需要时间来"重新启动"，或许这是他们的一大缺点。不过，内向型性格的人不会被外界的声音所干扰，就算遇到突发事件也能保持冷静，这也是他们的优点。他们转换思维花费时间，但是他们做事深思熟虑，亦有可圈可点之处。

所以，千万不要想着去"克服"内向型性格，成为一个外向者。甚至可以说，内向者与生俱来的自省力是外向者所没有的天赋。

不过，有些人可能会觉得，作为内向者他们生活得很艰辛。原本内向者和外向者并无高低贵贱之分，为何他们会有这种感觉呢？

这是因为那些人错误地理解了自己的特质，正如我一开始在公司上班时，苦于自己的内向型性格，总想把自己变成外向型性格的人一样。现在想起来，就像一个长跑运动员一直努力练习想要参加短跑比赛一样。我根本无法发挥自己的独特才能，自然会觉得辛苦。

长跑运动员应该参加长跑比赛。同样，内向者在生活中也应该发挥自身的优势。你应该知道自己是一个内向的人，理解并接受这个特质，然后在此基础上，找到更好的生活与工作方式。

总　结

1. 内向者关注自己的内心世界，外向者关注外部世界。
2. 内向型性格是与生俱来的，而不是后天形成的。
3. 内向者的所有特征都归因于其大脑的独特性，比如脑回路长、对多巴胺高度敏感、副交感神经系统占主导地位等。

第三章

内向工作法

有一段时间，我发现内向型性格不仅影响沟通，还影响工作。事实上，最让我感到苦恼的就是工作。

当我在办公室时，可能会被迫陷入喋喋不休的讨论中。这会打断我的注意力，并导致我很长时间之后才能再次集中注意力工作。电话和突如其来的任务也会影响我的注意力，而且如果领导要求我处理多项任务也会让我很痛苦，因为我很难在各项任务之间游刃有余地转换。

如何保持工作激情对我而言也是一大挑战。当我在心理上不能完全接受已经分配好的工作和任务时，我就提不起干劲。可是在忙碌的公司里，想听到耐心的解释简直是不可能的。于是，我总是在满腹狐疑和牢骚不满中开展工作。

现在想来，这些问题都是由于我的性格造成的。现在我知道自己是一个内向的人，我可以用更适合自己的方式工作。那么对于一个内向者来说，合适的工作方式是什么呢？

创造安静的工作环境

对内向者而言，工作中最重要的就是创造能够让自己专注的环境。内向者对刺激很敏感，需要花较长时间才能集中注意力，如果无法集中注意力，那么内向者在工作中就难以施展拳脚。

但反过来说，内向者还有另外一个特征。如果能够创造一个可以让他们集中注意力的环境，他们就能充分发挥自己的才能。所以，如果你是内向者，请务必抓紧时间做好工作前的准备。

重要的是，要彻底排除不必要的刺激。

在办公室里可能很难做到这一点，但你可以通过在安静的地方工作或佩戴耳塞来减少听觉刺激。视觉上的刺激在不知不觉中也会让你感到疲惫，所以如果你整理好办公桌，让文具、文件等杂物远离视线，就会感到轻松无比。

我家的书架上有帘子，这样就能为我遮挡视线。因为只要书名映入眼帘，我就会开始想"哦，那本书是……"。这样我就会很累。并且，智能手机的通知功能让人不胜其烦，所以我一直将手机设置为免打扰模式。

然而，我在此所说的"创造工作环境"并不仅仅指这种空间上的创造。当然，为了减少不必要的刺激，刚刚所说的事情很重要，但是请务必记住集中注意力时需要注意"先后顺序"。

内向者有"自我节奏"。这意味着，当他们能够按照自己的节奏和方式工作时，他们就会超常发挥。这与外向者形成了鲜明对比，外向者可以对外界的变化迅速做出反应。

所谓"自我节奏"并不是"慢"的意思。相反，内向者如果能够按照自己的节奏工作，无论是工作的质量还是效率都会出乎你的意料。

但是，这并不是一件容易的事。这是因为现代社会是以外向型性格为前提而建立的。所以，内向者需要在工作前花时间认真准备。

如何分配时间

让我们先从安排时间开始探讨。内向者做事情的一个重要原则就是他们首先要拥有一段完整的时间，然后才能开展工作。

现在随手翻一本关于时间管理的励志书，你就会发现里面写道："把你的时间分成几部分。这样你会更专注、更高效。"番茄工作法很久以前就流行了，它是一种每工作 25 分钟就休息 5 分钟的循环工作法。还有人建议进行更具体的细分，也就是主张"有效利用碎片化时间"。

番茄工作法的确很实用，但对内向者来说有一点不好，那就是对时间的过度细分。不妨举个例子，如果你在上午（9 点到 12 点之间）有一个会议，时长为一个小时，我建议将会议时间定为 9 点到 10 点或者 11 点到 12 点。这样你就可以确保有效利用剩下的两个小时。在这个过程中，可以根据具体情况灵活运用番茄工作法。

你是否渴望成为一个能在短时间内迅速开始工作的外向型人才？

其实，你不必有这种想法。内向者启动工作虽然需要时间，可是他们一旦进入状态，绝对不逊于外向者，且其工作质量还有可能超过外向者。

如何分配任务

除了要注意如何分配时间以外，你还要注意如何分配任务。

比如，假设你有 A、B、C 三个任务，并且你必须在规定时间内完成这些任务。

现代职场上流行的做法是让多个任务齐头并进：这种做法推崇将时间细分，同时处理各种任务，即按照"A→B→C→A→B→C"的流程。不过，这种做法是以外向型性格为前提的，并不适合内向型性格的人。

内向者应该反其道而行之，即首先完成 A，然后完成 B，最后完成 C。我们应该把工作一项一项安排好，完成一项工作之后再开始下一项工作。这样才能保质保量地完成工作。因此，我建议外向者和内向者采取不同的方法分配任务（如图 3-1 所示）。

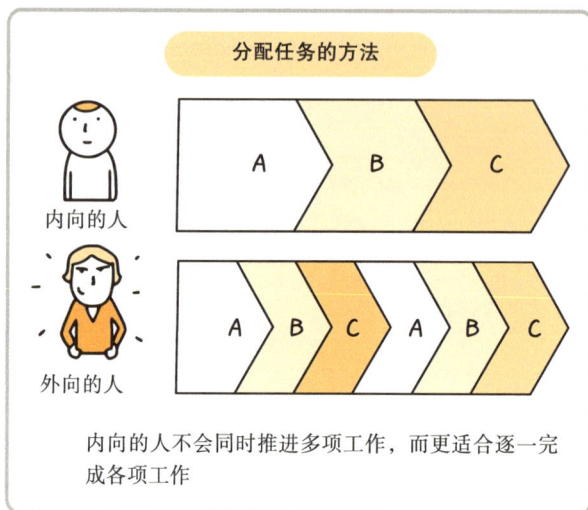

分配任务的方法

内向的人

A　B　C

外向的人

A B C A B C

内向的人不会同时推进多项工作，而更适合逐一完成各项工作

图 3-1　给两种性格的人分配任务的方法

　　如果把内向者比作车的话，那么可以说他们虽然加速的时间较长，但到达最高速度时却相当厉害。内向者要避免频繁加速，以免过度消耗汽油。

拒绝多余的工作

对容易被刺激消耗的内向者来说，减少不必要的工作尤为重要。但这并不是单纯地要我们减少工作量，而是我们应该找到真正重要的工作，并为此努力。

你听说过"二八法则"吗？这是意大利经济学家帕累托发现的一个法则。帕累托指出，在商业世界中，大多数成果是由少数人创造的。更确切地说，"二八法则"是指80%的成果是由20%的人所创造的。

例如，某公司大部分的销售额是由少数员工创造的，这种情况就是"二八法则"的一个例子。

"二八法则"也适用于工作。细细一想，真正能创造价值的重要工作，最多只占全部工作的20%，而剩下的80%都是无用的杂务（如图3-2所示）。

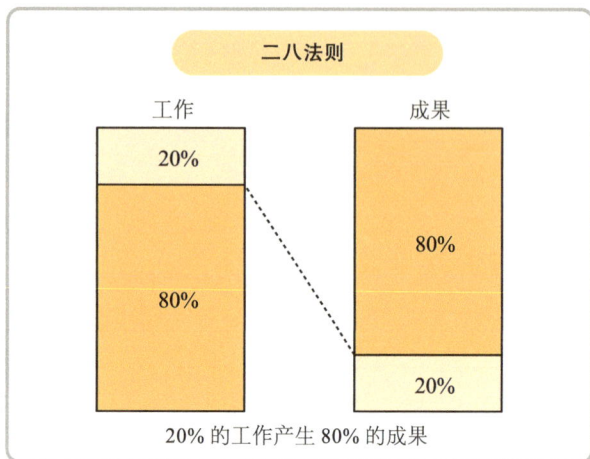

图 3-2　工作中的"二八法则"

然而，对外向的人来说，这 80% 的杂务可能有积极的意义，比如转换心情、激发干劲。但是对于内向的人来说，这会妨碍他们集中注意力，并消耗他们的精力。

所以，当你在安排工作时，要把资源集中在那重要的 20% 上。而对于另外的 80%，要么放弃它们，要么想办法减轻负担。

在我还是公司职员的时候，如果觉得领导下达给我的任务不是我分内的工作，我就会拒绝或者转交给相关部门。但是，一味拒绝会显得我不圆滑，所以我同时会建议对方如何完成这项任务。

忙 ≠ 酷

不仅仅是工作，工作之外亦如此。现代日本社会推崇"忙就是酷"的价值观念，这种价值观念一如既往地建立在以外向型性格为主导的基础上。请注意，许多内向的人也会受到这种价值观念的影响。你是否也崇拜那些把日程安排得密密麻麻的"大忙人"？

无论是工作还是爱好，提前规划都是一种刺激，如果规划得过多，就容易消耗精力，内向者往往会感到疲惫不堪。而且，根据前面所说的"二八法则"，我们大部分的计划几乎都是没有意义的。所以，我们最好通过"选择与集中"来减少规划的次数。

对于这条建议，你可能在心理上有很大的抵触，因为"忙就是酷"的观念深入人心。反过来说，空闲无疑就意味着平庸或失败。

当我还是学生的时候，我曾经为自己在家度过周末而感到羞愧。我误认为只有出门在外积极活动才是正确的生活方式。但是，这种生活方式并不适合容易疲劳的内向者。

现在，越来越多的企业允许员工做兼职。平时下班后，很多人去参加研讨会或者去健身。他们在上班前先运动一番，上班时动作麻利地同时处理几项工作，下班后又去培训班学习。回到家里，他们还要为副业加班加点。到了周末，他们则开始享受烧烤和冲浪。

这种生活方式固然美好，但是别忘了其他生活方式也同样有价值。

一下班，我就会一马当先地赶回家，然后一个人坐着发呆。周末我也不做任何安排，而是悠然地休养身心。我认为，这样的生活方式绝不是坏的。

日本知名高管之一、让优衣库成为第一零售帝国的柳井正晚上很少出门应酬，他表示自己下班后会直接回家，一边看书一边思考经营策略。工作以外的时间，是他和自己的内心进行交流的重要时段。

你不必为自己的日程安排少而自惭形秽。不妨想一想"二八法则"。内向者比外向者更能享受自己的日程安排。无论你是内向者还是外向者，可以享受的人生总量都是一样的。

如果我必须做好计划，那么我尽量只做符合以下三个条件的计划：

- 这个计划好玩；
- 这个计划对我有好处；
- 我有足够的体力（包括精力）来完成这个计划。

你不必模仿我，但请自己制定取舍的标准，防止不必要的消耗，珍惜面对自己内心的时间。

内向者的极简主义

我刚才所说的"三个标准"，对减轻烦恼带来的负担非常有用。"烦恼"也是一种刺激，会消耗我们的精力。很多内向的人都有过这样的经历吧：因为烦恼不断，自己变得疲惫不堪。

而且我们每天都要做很多决定，比如穿哪件衣服、午餐吃什么等。这些小事对于内向者来说，都是一种刺激。

当然，烦恼也是一种乐趣。我是一个"吃货"，在餐厅点菜的时间对我来说是快乐的（虽然很累）。但如果不是特别喜欢的事，你不妨制定一个标准来减少你在这种烦恼上所花费的时间。

我在独居的时候自己做饭，我觉得每天思考吃什么很伤脑筋，于是我就把菜单精减到三种，并依次轮换。我想把为一日三餐而苦恼所花费的精力用在其他事情上。

众所周知，苹果公司的创始人乔布斯总是穿着高领毛衣和牛仔裤。据说这是因为乔布斯每天要面对很多决定，所以他不想让自己在穿着上花费精力。

我们不必每天都穿同样的衣服，但我们可以通过减少选择和形成规律化来减少对穿衣和吃饭等日常琐事的担忧。

拖延症是对内向者的致命打击

生活中，尤其在工作中，一旦制订了计划，你就不要拖延。拖延通常被认为是不好的习惯，对内向者而言则更为糟糕，因为拖延着没有完成的任务会留在你的大脑中，一直给你"我必须做……"的压力。即使你不做这件事，也会感到越来越累。

我以前的公司工作量相当大，因此我经常没有完成分配的工作就迎来了周末，于是节假日就失去了本身的意义。也就是说，在周六、周日，我还在不停地想着工作的事情，因为它们总在我的脑海里浮现。

在这种状态下，即使我和朋友或妻子约会，也无法享受太多的乐趣，我会一直想着工作的事，会感到疲惫。

如果你无法完成你已经计划好的事，那就制订一个新的计划，类似"下次什么时候做"这样的计划。这样一来，任务就从拖延的状态变成了计划，你就可以把它从大脑中清除了。

赶走你大脑中的迷茫

但是，要处理好所有与工作相关的焦虑和对未来的迷茫并非易事。工作的焦虑可以通过克服拖延症来消除，但对未来的迷茫却不会消失。这种迷茫和工作中的焦虑一样，会让内向者感到疲惫。

如果我难以抹去对工作的担忧和对未来的迷茫，我就会尝试把它们写下来。例如，如果我对未来感到不安，我就写下"我因何感到不安""不安的理由是什么"等。

如果到周五晚上还有未完成的工作，我就会在一张纸上写下工作的内容和导致我不安的原因。于是，不可思议的事发生了，周末的时候我竟然不再想那些未完成的工作了。在纸上写下之后，我就能把它们从脑海里赶走。

不一定是纸上，你也可以记在电脑上或者别的任何地方。重要的是让它们不要在你的脑中停留。

虽然现在我能够控制好自己的精神状态，但是过去我经常感到压力很大，深受其害。心理学家松丸大吾也是内向型性格的人，他在《控制压力的心理强化术》一书中写道："通过纸上的义字，你可以看到'我在想的'和'我的感觉'……如果你能够明确认识到自己的情绪和不安，那么当你感到紧张或焦虑时，你就不会有负面情绪。"

客观地看待自己的情绪，可以缓解压力。

独处的时间

对于内向者而言，独处的时间是非常重要的，这能让他们深度思考、舒缓身心疲劳。我虽与家人同住，但我会保证有一个自己的空间，定期独处。如果独居，你自然会有独处的时间，但如果家人在，你就容易忘记给自己独处的时间。

然而，即使是家人，也有界限。别人就是别人，一定要抽出时间独处。

你可以在独处的时间里做任何你想做的事情，但不可持续接收外界刺激，比如一直漫无目的地"刷手机"，这样是不好的。当然，如果你的目的就是看手机，那就完全没有问题。但是，如果你独处的目的是让大脑休息，那么请避免外界的刺激。即使身体在休息，大脑也会因受到刺激而感到疲劳。

虽然大脑只占我们体重的 2%，但它消耗的能量却占我们身体总能量的 20% 左右。大脑是一个能量消耗率极高的器官。众所周知，大脑所消耗的大部分能量都是由无意识活动消耗的。

换句话说，即使你认为自己迷迷糊糊地在休息，但如果你不断刺激眼睛、耳朵等感官，能量也会在不知不觉中被消耗。当你想让大脑休息的时候，你必须隔绝外界的刺激。

这种时候，我建议大家冥想。当我累了的时候，我经常会花 15 分钟的时间冥想。你要做的就是坐在椅子或地板上，闭上眼睛深呼吸。缓慢吸气 5 秒左右，再缓慢呼气 10 秒左右。

这时，你会不由自主地冒出一些杂念，但是要尽可能摆脱它们，然后把注意力放在你的鼻息上面。

当你冥想的时候，你会觉得疲劳已经从大脑中消失。并且不可思议的是，你还会发现自己不再焦虑了。

你或许会认为，如果只是想让自己的身心得到休息，那么午睡也可以。但是冥想和午睡的效果完全不同。睡眠是单纯的休息，而冥想会让你神清气爽。如果说睡眠是为了关闭发动机，那么冥想就是为了清洁发动机。

当然，这并不意味着内向者一定要冥想。你如果有其他更好的办法，亦无不可。

当我还在公司上班的时候，如果觉得累了，我就会到没人的地方闭目养神 5 分钟。

除了冥想，我还会在咖啡馆里放松，在大自然中散步，或者做一些缓慢的伸展运动。 这些活动都能让我的大脑得到休息，在随后的工作中我会更高效。

更小的工作颗粒度

我曾遇到过这样一位前来咨询的女性，她说她不擅长转换思维。我也是如此，当我开始新工作时，我经常磨磨蹭蹭、迟迟难以集中注意力。我经常为自己的效率低下而感到沮丧。

在深入地分析内向者特征的同时，我们也要思考如何提高工作效率。

我在前文中提到，内向者有一个弱点，那就是他们集中注意力需要大量的预热时间。但是为什么内向者要花费这么长的时间去预热呢？

主要原因是内向者的脑回路很长，这导致他们总是思前想后。例如，当我们被分配做年度计划的任务时，内向者的大脑会冒出很多想法，如"我面向什么人群而写""我应该用什么文体""我先要整理资料"等，结果导致工作效率不高。

但是，如果任务简单得像"打开电脑开关"一样，不用考虑太多因素的话，那我们又应该怎么做呢？

即使是内向的人，遇到这种情况估计也能迅速完成任务。况且，一项工作无论看起来有多复杂，其实都只是由简单的任务构成的。换句话说，你把工作划分得越细，你花费在预热上的时间就会越少。

不要细分时间

在细分工作的时候，我们可以以时间为准绳，比如以"10分钟内可以完成"或者以"5分钟内可以完成"为标准划分任务。

读到这里，有人可能会想这和我刚才所讲的自相矛盾。的确，我认为内向者上手慢，所以他们不应该细分时间。但是，我并没有说"不可以细分工作"。

当你把工作细分为简单的任务时，你会减少每个任务所需要的准备时间。例如，"做年度计划"的任务可以细分为"收集资料""构思结构""撰写""制图"等。如果将这些任务再细分，你就会迅速进入工作状态（如图 3-3 所示）。

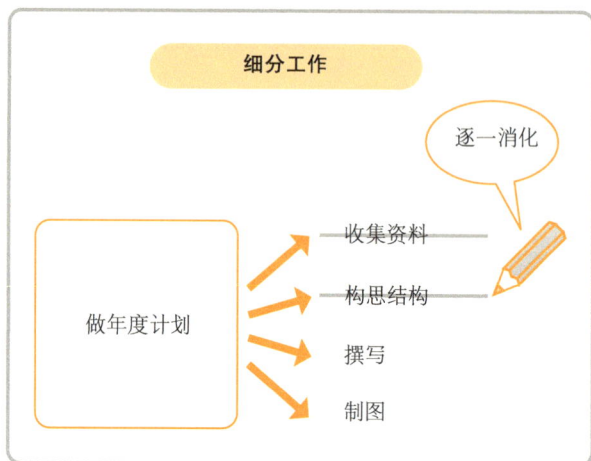

图 3-3　将工作细分

细分工作的另一个好处是，它能让你更容易掌握全局。当你对不知道该做什么感到不安时，如果你能把工作分解成更小、更具体的任务，你就会对需要做的事情有更明确的认识，这样你就能安心地做下去。如果你确定了工作的先后顺序，并能够依次推进，在完成之前不去想其他任务，你就会减少别的顾虑，这样就能更有效地处理多项任务。

再补充一点，当你将工作细分的时候，你可以把它们写在纸上或者输入电脑，这样慢慢地你就不会感到不安了。

准备一项热身工作

当把工作分解成一个一个的小任务时，你会发现生成了一些非常简单的任务，比如"给申请书盖章""复印资料"之类的不需要动脑就可以完成的任务，也就是所谓的杂务。

这些工作或许很烦琐，但其优点是可以迅速完成，即使是内向者也可以迅速完成。因此，这些任务可以放在空闲时间和无法集中注意力的"预热"时间里作为热身工作去完成。在无法集中注意力的时候，请做一些无须费神就可以做好的工作；在能够集中注意力的时候，请做一些重要的工作，这样就可以提高效率。

但在生活中常见的却是与之相反的模式。很多人在无法集中注意力的时候，做着需要快速运转大脑的重要工作；当他们终于能够集中注意力时，他们却又会去做些杂务来放松。于是，他们什么工作都没有完成，却感到很疲惫。这其实是在浪费时间。

在规划一天的行程时，要注意自己早晚的状态。一般来说，人们越临近夜晚，越是疲惫，状态越是不好，对于内向者来说尤其如此。

因此，对于内向者来说，最好把重要的事情安排在早上完成。而到了晚上，做一些不需要思考的简单工作。内向的人基本上都属于"早晨型"的人。

了解工作的意义

我们必须弄清楚自己要做的工作是什么，这不仅事关"预热"的问题，还与工作动机有关。

正如前文所述，内向者很难从外界获得动力。如果你没有发自内心的动力，你就无法发挥出应有的水平。

因此，内向者不会因为"老板让我这么做"或"可以赚钱"等原因而产生工作动力。他们会一直思考"我为什么一定要做这些工作"（如图 3-4 所示）。

对于内向的人来说，"在职场中出类拔萃、住豪宅、开豪车"这些普通人所追求的目标无法成为他们的工作动机。当然，如果社会的价值观恰好与你的价值观完全一致，那么你可以把它作为

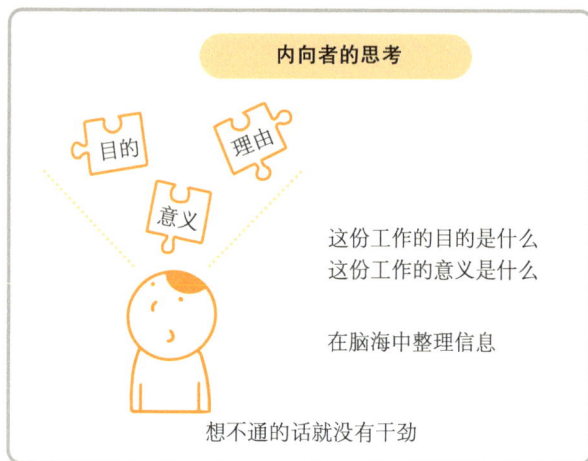

内向者的思考

目的

理由

意义

这份工作的目的是什么
这份工作的意义是什么

在脑海中整理信息

想不通的话就没有干劲

图 3-4　内向者的心理活动

动力，但这种例子只是少数。重要的是不要把社会的价值观与自己的价值观混为一谈。

金钱、地位和荣誉对外向者很有吸引力，容易激发他们的积极性。而内向的人只能从自己的内心寻找动力。

在开始工作之前，要先从内心接受要做的这份工作。如果你的领导给你下达了一项任务，你应该提出疑问，直到你了解这项工作的目的和意义。理解以后再开始工作，你才能享受这项工作，并能迅速地完成。

成为专家

无论你是内向者还是外向者，给自己设定一个目标很重要。但是，要注意如何设定目标。

比如说未来的职业规划。一般而言，人才可以分为两类：一类是什么都会一点的综合型人才，另一类是研究型的专业人才。对自由职业者来说是这样，对公司职员来说也是这样。在职场中我们究竟适合哪条发展路线，往往因人而异。

我认为内向者基本上应该以成为专业人才为目标。如果你在某一领域能够做到"非你莫属"，你就不会被未知的任务所迷惑，也可以减少和陌生人打交道的次数；更重要的是，这样一来你就能专注做自己想做的事情，从而更容易维持你对工作的热情。

内向的人要集中注意力会很慢，可一旦集中了注意力却是不输于任何人的。比起成为一位综合型人才，他们更适合在某一个领域做到极致。那么，请寻找你真正喜欢的工作，并立志成为这一领域的专家吧。

内在激励

一般认为，通过量化目标可以激发干劲。比起设定"我要有高收入"或"我要瘦"等模糊的目标，诸如"我想一年赚 1000 万日元""我想减掉 10 公斤"等目标更为具体、更能鼓舞干劲。

话虽如此，可对于内向的人来说却未必适用。因为可以量化的目标通常是来自"外部"的激励，如前所述，这并不能激发内向者的积极性。

量化的目的是用"数字"从外部客观地观察事物，而"数字"是任何人都能理解的指标。"高收入"的标准可能因人而异，而"年收入 1000 万日元"对任何人来说都是一样的。但是，驱动内向者的是主观的动机。他们大多不会立刻领会到数字所传达的信息。

比起数字，内向的人更应重视自己内心的想法。他们的目标不应该是"年收入 1000 万日元"，而应该是"想成为什么样的人，想过什么样的生活"这样的主观想法。

如果你有一个清晰的主观想法，你可以设定一个数字使它更具体。不过，请牢记要以内心的想法为主，设定数字只是一种手段。

正确评估风险

很多时候，即使你已经制定了一个目标，并且了解你要做的事，你也很难付诸实践。这种现象在喜欢深思熟虑的内向者当中很常见。做这件事的风险在脑海里接连浮现，导致他们迟迟不敢行动。

其实，风险本身并不可怕。人们害怕风险，是因为风险是未知的。如果你不知道将要发生什么，那就无法应对它，所以人们才会对风险感到害怕。

当我辞职去做自由职业者的时候，虽然有很多风险，但我并不惧怕，因为我清楚最坏的结果。当时也没有什么人做内向型性格的科普工作，我在辞职之前曾做过四个月的内向型性格科普工作，感觉反响不错，就踏上了这条创业之路。

你清楚地知道风险是什么，就能从容地制定对策，自然也就不必感到害怕。为了明确风险，请注意以下四点。

- 你在担心什么？
- 目前你缺少什么信息？
- 在什么情况下你就可以开始行动了？
- 什么时候你会得到答案？

我在初次为内向者举办讨论会时就用了这个方法，问了自己下面几个问题。

问：你在担心什么？

答：我担心没有人参加讨论会。我担心我准备的内容不好，不能快速变现。

问：目前你缺少什么信息？

答：我不知道组织讨论会的具体程序。

问：在什么情况下你就可以开始行动了？

答：当我知道组织讨论会的具体程序，并准备了大量的材料时，就可以开始行动了。

问：什么时候你会得到答案？

答：一周以内。

在这次讨论会之前，我试着将风险进行了整理和细化。最后，此次讨论会取得了圆满成功。

因此，在畏惧风险之前，为什么不试着深入调查研究一下风险呢？内向者擅长这种调查研究。胡思乱想只会让你更加焦虑。把这些想法写在笔记本上或者记在电脑里，你就能发现风险到底是什么。这时，你会意外地发现，风险原本并不可怕。

内向者完全可以通过深入思考得出正确的结论，但是他们也有思虑过多的时候。如果你明确了所有的风险后还不能行动，此时就可能需要有人在背后推你一把。

把工作"安排"得明明白白

毕竟，内向者大脑的天敌是"杞人忧天"，所以对他们来说最重要的是尽量减少"思考"。

从这个意义上说，内向者可以让自己的日常工作尽量有章可循，这样就可以避免时间被琐事占用。例如，如果你规定了"到公司后的第一件事就是查看邮件""下班前把办公桌整理好"等任务，你就不会再为"我的办公桌很乱，我应该清理办公桌吗"之类的问题而烦恼。

我们把这一过程称为"程式化"或许更为准确。如果你清楚地知道该做什么、怎么做，工作就会顺利进行。

总体来说，在某些事情上，内向者如果提前做好计划，工作起来就会更有效率、更轻松。依靠工作现场的氛围和直觉来做事，似乎更适合外向者，在日常社交中也是如此。

在大脑输出前做好准备

很多时候，你必须在别人面前发言，比如演讲和开会。当轮到你上场时，请务必做好充分的准备，因为内向者很难靠即兴发挥去做好演讲。不要说当场思考了，内向者在输出自己的观点时，即使脑子里有一个清晰的想法，也容易迷茫和纠结。

内向的人需要时间才能输出。如果让他们当场说出自己的想法，他们往往会不知所措。

因此，如果你需要在会议等公开场合发言，请事先演练好。这里的输出是指把语言变成文字，比如写在纸上，把混乱的思路整理清楚。

要想输出，首先就要了解目标。演讲或会议都有一个目标。一旦你了解了目标，你就可以想方设法达到目标。

另外，要从你的听众的立场出发。当分别面对领导、同事或者客户时，即使说的是同一个话题，你的表达方式和措辞也应该不同。

我建议将你从上述角度整理出来的结论保存在一个可以随时提取的地方。这个地方可以是笔记本、手机，也可以是电脑。

经常有内向者对我说，他们很害怕做演讲或在别人面前发言。但如果你认真听，会发现他们害怕的不是发言本身。有一位销售人员告诉我，他在公司演讲时会很僵硬，但在朋友的婚礼或公司举办的"千人活动"的演讲中却表现得很好。因为他谈的都是自己感兴趣的话题，并且构思好了自己要讲的内容。

如果你对演讲的内容理解得非常深刻，那么你的表现也会更加完美。

花费更多时间输入信息

我相信，内向者之所以需要花时间才能输出，是因为他们需要时间将自己的想法转化为语言。

一般来说，人们会将脑海中模糊的概念和想法转化为文字，再将其输出。例如，当你有空腹感时，你会说"我饿了"；当你对某个人有特殊的好感、对别人却没有时，你会说"我喜欢你"，等等。

但是，内向者似乎要花较长时间才可以实现从思想到语言的转换。这也可能是由于其脑回路较长的缘故。

如果说将思想转换成语言需要时间，那么这也意味着将语言转换成思想也需要时间，即内向者倾听和理解他人也需要较长时间。这或许是内向者不擅长演讲和开会的原因之一（如图 3-5 所示）。

图 3-5　将想法转化为语言并输出需要花费时间

　　和内向者输出信息的诀窍一样，他们在输入信息上，也要舍得花费时间。如果你的领导打电话来指导你工作，你可能要通过电子邮件再确认一遍内容。重点是，要确保这个内容的形式是一个可以反复阅读的文档。内向者从来就不适合一锤定音式的快速阅读。

　　在输出和输入方面，内向者只要牢记"自己不擅长即兴演讲"就可以了，没有必要强迫自己在不擅长的领域参与竞争。还有一点很重要，你要会说"我可以再确认一下吗"或"请给我一些时间"。

我不擅长演讲或在公司会议上发言，这导致领导认为我不积极主动。可是实际上，我只是没有时间去准备我的发言，但是我在心里却已经思考了很多。

于是，我决定不强求自己当场发言，而是在会议结束后将自己的意见和补充资料通过电子邮件发给领导，这一点得到了领导的高度评价。事实上，花时间发邮件也是值得赞赏的行为。

因此，我认为在思想和语言的切换上花费时间并不是浪费时间。因为付出了更多的时间，所以内向者输入信息的准确率和输出结论的质量会很高。

总　结

1. 不要盲目追随外向者的脚步，要形成适合内向者的工作风格。
2. 如果能创造一个适合内向者的工作环境，他们就可以表现得和外向者一样好，甚至比外向者更好。
3. 重视休息的时间。

放大内向优势：成为"冥想族"

我有时会一边散步一边冥想，但并不是说要闭着眼睛走路，要知道这么做很危险。

那要怎么做呢？你可以把注意力集中在脚上。不要在心里默念，这个时候你可以把自己的想法变成语言，就像"现在我的重心在右脚"，或者"现在我的左脚在踩地"一样。

这样，我们就可以一边做简单的动作一边冥想。事实上，它可能比普通的冥想更容易。冥想是为了放空自己的内心，但我们也知道，"什么都不想"相当困难，因为会产生杂念。

在这种情况下，最好的办法就是集中注意力做一些简单的事情。这也是我在讲座中解释冥想时强调应该专注于呼吸的原因。同样，如果你只专注于走路时脚的感觉，或者挥动手臂的感觉，其他感觉就会从你的意识中消失，你就会处于一种类似于冥想的状态。

如果你在一个能够确保安全的地方，那么我推荐你做类似的冥想练习。不需要什么特别的技巧，你就会觉得神清气爽。

第四章

内向社交法

话说回来，到目前为止我都没有把讨论的重点放在如何交流上，而着重解释了内向者的特点。可能有人会感到意外，这是因为包括内向者在内的很多人，普遍认为内向就等于不善于沟通。

我之所以没有特别强调沟通方面的事情，是因为有很多内向者"赶鸭子上架"，强迫培养自己的沟通能力。正如过去的我一样，我一度想成为一个外向者。如果我在这本书里连篇累牍地介绍沟通的技巧或者与他人顺利交流的方法，那就可能会给他们传递一种"要成为外向者"的错误信息。

尽管如此，确实有很多内向者在沟通上存在困难。所以，我想在本章中以"内向者独特的交际方式"即"内向社交法"为前提，教你如何避免人际关系给你带来的苦恼。

内向 ≠ 害羞

首先我要明确的是，内向的人不一定都是容易害羞的人。"内向的人容易害羞"这个想法在人们心中根深蒂固，就连内向者自己有时也这样认为，但是大家不要因此对自己有所误会。

不是所有的内向者都容易害羞的。有些内向者会害羞，但也有很多内向者不会害羞。就像有不会害羞的外向者一样，也有会害羞的外向者。

那么，为什么会产生这种误解呢？因为内向者有不擅长闲聊、喜欢避开刺激等特征，这使他们在外界看来很害羞。

你不擅长闲聊，并不代表你是容易害羞的人。如果你不是容易害羞的人，但你误认为你是，那就限制了自己的社交能力。

为了摆脱思维定式，你可以回想一下过去的人际交往。你是否发现自己很喜欢社交，或者你的社交能力并不差？如果是，那就不要再误以为自己是一个容易害羞的人了。

放弃你的社交偏见

我在本书中重点讨论了沟通能力的问题，因为人们在提到沟通能力的时候都是以外向型性格为前提的。一般认为朋友多、经常见面、能够一起谈笑风生是一件好事，实际上这是一种偏见。

我的答案和以往一样。外向者的行为并非就是"金科玉律"。

你与人交往得很好，但朋友不多或者见面次数少也不一定是坏事。如果你是一个对刺激敏感的内向者，却有"必须广交朋友"的想法而强迫自己扩大朋友圈，那我认为对于这件事你需要慎重考虑。

过去，我曾一度认为只有与所有人好好相处才是最好的。在刚认识的人、不太熟悉的人，或者让我感到不舒服的人面前，我总是缩手缩脚、笨嘴笨舌、不知所措。那时，我很讨厌自己。

当然，你如果真心想结交朋友，那么可以扩大自己的朋友圈。可是沟通是一种刺激，强迫自己和很多人交往会让你感到疲惫。我认为只要和少数志同道合的朋友来往就足够了。

日本社会好像对人际交往的方式持有偏见。人们认为当面交谈很重要，除此之外不管是写信还是发邮件都不能充分表达用意。但是，试想一下，如果你有　个仅靠邮件来往却非常重要的朋友，你难道不认为这也是一种美好的人际关系吗？

放弃无效社交

内向者对刺激敏感、容易疲劳，对他们来说沟通是一项身心俱疲的活动。然而，毋庸置疑，内向者也需要社交，因为社交对他们有益。

因此，这是一个需要平衡的问题，但我认为内向者应该干脆把社交看成一种"投资"，要冷静地核算自己的得失。那么，我们投资了什么？我们在社交过程中投资的是体力和脑力。

如果你得到的回报大于投入的精力，就应该继续保持，如果没有回报就应该及时止损。在日本，人们往往认为在感情中斤斤计较不好。其实不然，内向者在交往中就应该斤斤计较。

当你参加完酒会等社交活动后，在回家的路上，你会发现和同行的几个朋友在电车上滔滔不绝地聊天是一件很痛苦的事情。

在这种情况下，你可以说自己要先去一趟厕所，也可以说自己还要去办点事情，这样你就可以走另一条路回家。乍一看这种交往方式有些消极，但没有必要强迫自己非得和他们一起走。

及时升级自我保护系统

观察自己的心情也很重要。有时你想去见某个人，有时你谁也不想见。

有时候，我会战战兢兢不想在路上遇到熟人。有时候，不知为何我就是不想见人，所以会待在家里不出门。但我想我之所以这么畏首畏尾，是因为我在内心某个角落觉得自己这种性格很丢人。

但是，现在我不这么认为了。我之所以有的时候不想见人，是因为我有限的精力就要消耗殆尽了。此时，我甚至可以自豪地认为，我的自我保护系统及时进入了一级戒备状态。

最糟糕的是，在这种状态下你强行让自己去和别人见面。这会加剧你的疲劳感，正如在身体不舒服的时候，还要强行让自己工作一样。

就像关注自己的身体健康一样，你也应该呵护自己的心理健康。当你想独处时，这可能预示着你的内心已经开始疲惫了。

对方未必也是内向型性格的人

细细一想其实很奇怪，内向者往往认为"我必须外向，因为这是全世界的标准"，同时他们总是认为别人也与他们一样敏感。你是否想过自己会因为"如果我问别人一个问题，他会被吓到"，或者"如果我请别人帮个忙，他可能会很累"这种理由而不敢麻烦别人？

但是，每三个人中就有两人属于外向者。如果对方是内向者，这样的顾虑没有问题，但如果对方是外向者，你的顾虑完全是多余的。对于外向者，很多事情直接跟他们沟通会更好。

如果你面对的是一个外向型性格的人，你就应该改变你的沟通方式。为了尽快推动事情的进展，不需要太谨慎，这对双方来说都是有益的。

建立"一对一"的人际关系

建立新的人际关系主要有两种方式。

一种是加入一个现有的圈子，或者加入既有的人际关系中，如俱乐部等有定期活动的团体。

另一种是认识新朋友。这种方式是从零开始建立"一对一"的关系。

与独自在公园里玩耍的孩子不同，很多上班族都属于某个群体，所以拓展人际关系的方式往往是第一种，即加入既有的人际关系中。

当你选择这种方式时，我建议你在自己感兴趣的领域寻找圈子。当然，如果你只是为了想多认识一些人而加入了一个你不感兴趣的圈子，那么你不会因此感到快乐，也无法与这个圈子里的其他人交流。

所以，请不要勉强自己。在庞大的圈子里，信息量的暴增会让人疲惫不堪。随着团体人数的增加，不仅交流量增加，交流的节奏也会变快，这会让内向者越发难受。

当内向者想扩大自己的人际关系时，最好建立最基本的"一对一"的关系。因为这样做负担较轻，我在后文中会解释，内向者比较擅长"一对一"的沟通，即使在新的圈子中这也很奏效。由于圈子里的成员之间还没有互相建立关系，所以我建议内向者可以进行"一对一"的沟通。

做一个好的倾听者

提到社交，人们往往只关注"说话"的技巧，但"倾听"的技巧同样重要。你既可以适当附和对方、鼓励对方发言，又可以恰如其分地提问、引出新的话题。倾听在交谈中的地位至关重要。

沟通的目的是为了分享和交流信息。如果只是你自己口若悬河地讲，那就不是沟通，而是"即兴演讲"了。

我听说有很多销售人员竟然不善言辞。他们不擅长交谈，却有着非凡的倾听能力。内向的人一般不擅长临场发挥，这并不是什么问题，内向的人只要具备良好的倾听能力就可以了。

倾听是一种非语言社交

最重要的是，内向者善于倾听。他们可以将这一点作为"武器"。

内向者的脑回路很长，他们做事面面俱到，这就意味着他们可以多角度、更深入地解读对方的话。

比如对方问道："最近好吗？身体如何？"如果你单从字面上理解这句问候，你就会很自然地回答："是的，我很好。"但如果你是一个深思熟虑的内向者，你就可能会想："他为什么要问我的身体状况？久未谋面，他怀疑我生了一场病吗？还是说我脸色不好？"换句话说，内向者从对方的话语中收集到的信息量比外向者多，这就容易增加新的话题。

的确，内向者的反应速度多少有点慢。不过不用担心，因为只有在会议、演讲、商务会谈等特殊场合才要求现场回答。在日常交流中，内向者的反应速度是恰到好处的。

另外，沟通不仅仅是通过交谈才可以开展的。有一个专业术语叫作"非语言社交"，不使用语言进行的沟通也很重要。除了手势以外，人们还会通过面部表情、语气、眼神和姿态的微妙变化来"表达心声"。

内向者善于从不同的角度进行解读，他们对这些语言以外的信息很敏感。他们可以提取外向者可能错过的信息。即使对方说了只言片语，甚至对方一言不发，内向者也能察觉到对方的心思。这意味着你很了解对方。人们会信赖一个了解他们的人，并且愿意与他深入交谈。

寻找共同话题

我也不擅长与人交谈，有很多次我想找个话题打开话匣子，却无法将话题进行下去，最后只能陷入沉默。在这种情况下，即使你是内向者，我也有一个绝招能让你谈笑风生。

正如人们常说的，要找到自己与对方的共同点。如果你们有共同的朋友、共同的爱好、共同的家乡，你们就会聊得热火朝天。

共同点意味着对方和你有相同的经历，所以你们能产生共鸣。

找出共同点并非易事，可是当你与他人面对面交流时，可以肯定你们至少有一个共同点。在大多数情况下，人们因工作而见面，如果你们是通过他人介绍而认识的，那么你们的介绍人就是你们共同的朋友。

关注少量信息

内向者善于倾听，这是内向者打开正确的生活方式的一把"钥匙"。

倾听是一种从少量的信息中获取大量潜藏信息的能力，这种能力不仅仅表现在谈话当中。

即使没有太多的朋友，即使日程排得稀稀落落，内向者也能够从为数不多的朋友和仅有的几次安排中受益。当内向者看到外向者动如脱兔，自己却静如处子时，他们就会心生不安。其实完全不必担心，因为内向者属于"闻一知十"的类型，并且可以乐在其中。

如果我们从 10 个事件中逐一提取信息（经验、印象等），那么信息总量是 10（1×10=10）。但是，如果你试着从一个事件中提取 10 条信息，那么信息总量不还是 10 吗？

内向者看似不够活跃，其实在他们的内心世界每天都上演着一幕幕"惊心动魄"的戏剧。内向者的思想活跃程度绝不亚于忙忙碌碌的外向者。

社交辞令不适合你

我们要尽量避免说场面话。因为内向者的特点就是"在自己的内心寻找动力"，换句话说除非是自己真正想做的事情，否则他们不会有动力。

社交辞令都是一些无关痛痒的场面话，别说内向者了，就连外向者都会觉得索然无味。诸如那些以"哎呀，天气越来越暖和了""你是哪里人"等为开场白的谈话，无论怎么听都让人觉得无聊透顶。

当然，如果你能接上这种场面话，无聊也就无聊吧。但对于内向者来说，如果聊天内容是无趣的场面话，就会打击他们参与对话的积极性。你是否有过这样的经历？对于别人不痛不痒的问候，你会用不咸不淡的一句"哈哈，还好吧"搪塞过去，导致场面一度很尴尬。

总之，社交辞令不适合内向者。

选择有深度的问题

那么，我们应该如何交谈呢？答案就是不说场面话，而开门见山地交谈。

在通常情况下，在进入深度谈话之前，人们要先寒暄一番，然后才会切入主题。如果直奔主题，就会让人觉得很冒昧。但是，与其让场面话把氛围弄得尴尬，倒不如直奔主题。

实际上，说真心话并不一定等于无礼。虽然问一些不登大雅之堂或者极度隐私的问题是很不礼貌的，但是，只要不触及这些话题，你就可以询问对方真实的想法。真心话是一个人内心真实的想法，也是这个人个性的真实流露，我们未必一定要询问别人的隐私。

然而，上述讨论并未给读者开出"良方"。我仿佛听到有的读者在问："那我要怎样才能让他们吐露心声呢？"

这就需要你去探寻对方的价值观和想法。

多问"为什么"，少问"是什么"

当你向别人提问时，最好问"为什么"而不是"是什么"。如果你问"是什么"，你可能会得到一个无聊的答案。

例如，"你的工作（爱好）是什么？"如果得到的答案是你完全不感兴趣的，那么内向者的积极性就会骤然下降。当然，如果我们能得到心仪的答案最好不过了，但是这种情况发生的概率不大。

但是，如果你问"为什么"的话，总会得到一个与这个人的过去、价值观等紧密相关的真心话，那么你就有可能提起兴趣。

如果你问"是什么"，对方的回答让你不感兴趣，你就可以接着问"为什么"，这样你们的对话就能够保持热度，并继续进行下去。打个比方，如果你问对方"你是做什么工作的"，对方回答"我是做股票交易的",而你对这一领域一无所知,并且不感兴趣,那你可以接着问"你为什么选择这种职业",这样你就可能会听到对方的心声。

进行高质量的社交

正如我刚才提到的，人们的真实感受总是会在与"过去"相关的话题中体现出来。相反，关于未来的对话往往比较抽象。对于诸如"你将来想做什么工作"或"你对未来的愿景是什么"等问题，你唯一能得到的答案是"我会尽力而为"或"我想追求自我"等。

这种倾向是有原因的。

按理说，人是无法预知未来的。然而，过往皆是经历，并且有经历就会有感情。比如，我对自己被调到现在的岗位感到很满意，或者我作为赛艇队的一员却没能参加全国锦标赛而感到沮丧，等等。

人们在谈及自己的感受时会情不自禁地吐露心声。或者说，我们可以把这种真心话定义为有感情的陈述。所以，真心话深藏于一个人的过往。

带有真情实感的对话往往能引起共鸣，并且会让对方打开话匣子。这一点对于内向者而言非常重要。

有些人可能会担心，这种吐露心声的话会伴随着风险，比如有可能惹怒对方。的确，如果你一天 24 小时都对别人掏心掏肺，的确会让人觉得你很烦。

但是我们要记住，内向者要压缩交流的总量。我们不常与他人交流，但是只要我们开始交谈，我们就可以进行真实而深入的交谈。这就是高质量的社交。

内向者的内在自信

不过，对于我在这里介绍的沟通技巧，你不必过于在意。内向者不必改变自己的性格。

很多人都有过这样的经历，他们被邀请参加一个不想去的聚会，却不知道应该如何拒绝。你不想被认为是一个不会社交的人，但你也不想参加那个聚会。

在这种情况下，你可以坦然地告诉对方，"我今天没有心情去"。这样对方就会明白你不是一个外向的人。最终，你就可以处于一个相对"舒服"的位置：他们不讨厌你，但他们也不会再约你。

对我而言，公司的应酬也是一大压力。应酬劳神费力，我基本上不会参加。但是拒绝对方也让我感到有些抱歉。参加的话，人很劳累；拒绝的话，心很疲惫。总之，我觉得应酬很可怕。

但是，自从我开始果断地说"不"之后，我与邀请者的关系反而得到了改善。或许他们发现了我隐藏着的真心话。对于那些隐藏自己真心话的人，人们只能保持距离，而对于那些说出自己真正想法的人，不管是谁，人们都乐于与之相处。自不待言，我感觉心情好多了。

重要的是，要让别人知道你是一个内向者。

制订一个"零计划"

为了不被突如其来的邀请所困扰，你可以提前制订一个计划。要做一个什么计划呢？答案是"什么都不做"的计划。

对于容易疲劳的内向者来说，安排过多的日程是大忌。但是如果你没有提前计划，你就没有理由说"我已有安排了，所以……"也就是说你就无法拒绝你不喜欢的邀请了。

所以我建议你在没有重要事情的情况下，把恢复精力的时间放进计划表里，这就是"零计划"。如果你了解自己在周末两天当中至少要休息一天，否则就会很疲劳，那么就把周六或周日空出来。那天你有一个重要的"零计划"的日程安排，所以你不能再安排其他事情。

不为取悦别人而微笑

对于内向者来说，在沟通中最重要的或许就是"不要随波逐流"。

一般而言，内向的人不会喜形于色。并不是说我们总是一脸不高兴，只是外人很难从表面感受到我们的情绪（包括愤怒和不快）。虽然表面上看起来我总是波澜不惊，但其实我也有心情愉悦和焦躁不安的时候。

可能是因为天性沉稳的人几乎没有什么情绪起伏，这也可能与他们的副交感神经系统占优势有关，但不管是哪种原因，不喜形于色的人总让人捉摸不透。就连内向者自己有时都不了解自己的想法。

有这么一种说法，人不是因为悲伤而哭泣，而是因为哭泣而悲伤。不管这个说法有没有道理，如果感情不外露，周围的人就搞不清楚你究竟在想什么，于是，对方就会不知如何是好。

因此，你应该向周围的人清晰地传达你的感受和想法。这也是为什么你要告诉别人自己性格内向的原因。

隐藏自己的负面情绪会让我感到窒息。如果你累了，就应该表现出自己很累；如果你不舒服，就应该表现出自己不舒服。或许，对方很想了解你的想法。

另外，最重要的是，内向者需要停止"假装"迎合周围人的行为。"假装"是在欺骗自己，最终会导致你忽视自己的真实感受。你会分不清谄笑和真诚的笑容，你会开始想："嗯，其实我很幸福，不是吗？"

换句话说，你迷失了本心。这意味着，对于蜗居在自己内心世界的内向者来说，他们失去了判断事物的标准。没有什么比这一点更可怕了。

假装外向的内向者

事实上，我在接受别人的咨询时，我注意到有很多内向者假装外向。当然，原因是外向型性格被认为是适合现代社会的标准性格。

如果内向者假装外向，除了自己会疲于奔命以外，还会出现一个严重的问题，那就是"很难看到大量的内向者"。

如上所述，大约每三个人中就有一个人内向，所以内向的人并不少。我敢说你身边一定有很多这样的"伪装者"。然而，几乎所有的内向者都认为，自己属于孤家寡人。

之所以出现这种误会，是因为很多内向者无法率性地生活，还要假装外向。你身边的所谓"外向者"其实可能都是内向者。

如果你想知道身边的朋友或同事是否内向，你应该怎么做？从行为上很难判断他们是否内向。明明他们本身就是内向者，却假装成外向者。可是，你也不能冒昧地让别人去做内向者诊断测试。

如果你想知道一个人是否内向，那么可以询问他是如何度假的。如果他活泼好动、经常外出，就很可能是一个外向的人。反之，如果他喜欢待在家里或者经常独处，他就很可能是一个内向的人。难以回答你这些问题的人可能是内向的人。他之所以回答得不爽快，是因为他可能有所隐瞒并因自己没能度过一个"外向型假期"而感到自卑。

当然，也有性格内向却很会社交的内向者。如果你也是这样的人，就意味着你可以做自己，你应该珍惜这个特点。

总　结

1. 当今社会盛行的社交技巧都是以外向型性格的人为前提设定的，不适合内向型性格的人。因此，你要摆脱必须做某事的执念。
2. 在社交中，内向者有自己独特的优势。
3. 不要逃避自己是一个内向的人这个事实，请面对它。
4. 重视与自己内心的对话。

第五章

放大你的
潜在性格
优势

　　在前文中，我介绍了内向者适合自己的专属的工作方法和社交方式。但是，正如我反复强调的，内向型性格并不是弱点。内向型性格可以是一种武器，让你更出众。在此，我将详述如何把内向型性格转化为优势。我想将其分为工作和社交两个部分进行讲解。

【工作篇】

潜在优势 1：演讲效果好

演讲前做好充分的准备

人们往往认为（或深信）内向者不善于沟通，但是事实上内向者很擅长演讲。

不过，我本人性格内向，而且不擅长演讲。当我听说内向者擅长演讲时，我是半信半疑的。但是，当我面对内向者的咨询时，我发现竟然有很多内向者都擅长演讲。有些人甚至在演讲比赛中获过奖。

我曾经指导过一个内向者，他告诉我："我总是花很多时间在准备演讲材料上。"这导致其他工作时间被压缩了。

当我问他，周围人对他的演讲有何评价时，他说："很不错。"

当我问及原因，才知道他在准备时懂得充分发挥自己内向的优势，比如花时间研究主题和参会者，在事前把演讲内容写出来，等等。换句话说，他的演讲之所以可圈可点，是因为他投入了很多时间。他不必担心耗费时间，因为做好工作自然需要花费大量的时间。

在即兴演讲方面，你可能无法超越外向的人，那么我们来看一下以下两种应对方法：

- 在筹备和研究方面投入资源；
- 把自己的想法以文字等形式做好总结。

只要使用以上两种适合内向者的方式去准备，你就可以在演讲中胜过外向者。所以，关键是要了解自己的性格和优势。

我向来不擅长演讲，但我却能通过使用 PPT 来克服这个问题。我尽量保持 PPT 内容简洁，并插入图表、图片来直观地传达信息，这样就可以最大限度地避免口头说明了。

"禁欲式"工作

在运动员中内向的人很多，如棒球运动员铃木一郎。他在采访时表示自己有连续 9 个小时练习击球的经历。他站在击球区一直重复同样的动作，由此看来他确实是一个内向的人。此外，据我所知足球运动员长谷部诚和花样滑冰运动员羽生结弦也属于内向型性格的人。

运动员中之所以内向者多，是因为内向者有忍受孤独的力量。

作为一名运动员，要想取得好成绩，你就必须坚持长期刻苦的训练。当然，你可以和队友或朋友一起训练，但是他们无法承担你的痛苦。当你因为不舒服或受伤而无法参加比赛时，你必须独自面对，冷静地做出判断。因此，运动员要与孤独做斗争。

研究表明，包括运动员在内的很多内向者都可以做到不被周围环境所影响，在孤独中锲而不舍地追求自己的目标。因为不受他人影响，耐得住寂寞，所以他们更能把重心放在自己的"内部"。能够"禁欲式"地持续努力，是内向者的一大优势。

擅长长时记忆

在前文中，我提到内向者思考事情需要很长的时间。这是因为他们的脑回路长，他们在思考问题时，过去的记忆和情绪也如影相随，所以内向者需要更多的时间来处理信息。

记忆分为两种：一种是短时记忆，它只能保留几秒到十几秒；另一种是长时记忆，它可以保留多年（还有其他不同角度的分类，此处不再赘述）。一个人在一次短时记忆中可以存储大约5~9 个字符的数字或文字，其中部分数字或文字会被输送到长时记忆中，并被长期保存下来。

据说，内向者保存在短时记忆中的信息总量偏少。但是，他们可以在长时记忆中保存大量信息，并能准确地检索出这些记忆。因此，他们能很好地记住发生过的事，在必要时能够提取有效信息。

擅长长时记忆是内向者的优势，无论是独立思考，还是与他人交流都能体现这种优势。例如，为了深刻理解某件事情，我们需要将其与长时记忆中存储的各种信息进行对比。

如果你能做到这一点，那么，在开启一个新项目时，你就可以充分参考昔日的经验和教训。在职场中，往往需要你当机立断、百折不挠。不过，内向的人在做决断时大多谨小慎微。

巧用通勤时间

公司职员每天都会花费大量的时间在通勤上。如果你每周工作 5 天，单程 1 个小时，那么你每个月要花费 40 个小时在路上，即每年有近 500 个小时待在公交车或地铁上。如果把这 500 个小时换算成天数，那么大约是 20 多天。这是一段不容小觑的时间。

很多人都会尽可能提前安排好自己的通勤路线，以减少自己在路上花费的时间，但这种方法并不适合内向的人。因为内向者更可能选择无须换乘的路线。

无须换乘且能一直坐着的耗时 1 小时的慢车，和只需要 30 分钟却要一直站着并且要换乘 3 次的快车，你坐哪个会觉得更累？

对于内向者来说，答案是后者。不仅要换乘，还要在拥挤的车上找到一个舒适的位置，这不但会刺激内向者，还会导致他们感到疲劳。因此，你应该选择一条换乘次数少的路线，哪怕要花很长时间。

还有一个原因是，你不应该只根据表面的效率来选择通勤路线。内向者在一段较长的时间里，如果受到的刺激较少，他们就能进行深度思考。这就像在工作中最好不要把时间划分成几部分一样。

我并不是建议你在电车上工作（虽然我认为你可以这么做）。内向的人每天在工作之外或许也会思考很多事情，所以你可以利用通勤时间对重要的事进行思考。在这段时间里，你可以思考关于未米的规划。

内向的人也可以成为领导者

很多人认为内向者不能当领导，这种想法是错误的。有很多内向者活跃在政治、体育等领域，也有很多内向者成了优秀的企业家。

《安静：内向性格的竞争力》（*Quiet：The Power of Introverts in a World That Can't Stop Talking*）的作者苏珊·凯恩（Susan Cain）曾说，内向者中不乏提出优秀的想法和拥有领导力的人，他们都发挥了很大的作用。她列举了巴菲特、比尔·盖茨和艾伯特·戈尔等著名的内向者。例如，比尔·盖茨被称为一个内向的领导者，他不合群，也不会轻易受他人意见的影响。

外向型性格的领导者会干脆利落地下达指示，而内向型性格的人或许不擅长用这种领导方式领导他人，但这并非成为领导者的阻碍。虽然不擅长当众说话，但是内向者善于进行"一对一"的沟通，所以我们可以一次只和一个人交流。如果你不喜欢下达任务或提出观点，那么你可以征求大家的意见，然后进行总结。

Facebook的创始人马克·扎克伯格也是一个内向者，他是一名优秀的演讲者，也有很多精彩的语录，但他并不擅长接受采访和进行公司内部的沟通。即便Facebook已经成长为一家大公司，组织内部沟通不足仍然是一个问题。然而，扎克伯格后来成功地展示了他的领导才能，他花时间与管理层的每一位成员交谈，讨论了公司当前的目标以及公司应该优先考虑的问题（参考大卫·柯克帕特里克所著《Facebook效应》）。

领导者的工作不仅仅是站在集团的高层侃侃而谈。相反，在新型企业中，领导者应该与每个人都充分交流，分享自己对未来的规划。在这一点上，内向型性格的领导有其独特的优势。

内向的人可以做到

经常有人问我，有没有纯粹适合内向者的工作？这样的工作是没有的。不管什么工作，只要以适合内向者的方式去做就会适合内向者，用不适合内向者的方式去做，就会不适合内向者。

说到底还是要看你怎么做。不要限制自己的可能性。如果你觉得目前的工作不适合你这个内向者，我建议你在考虑换工作之前，先尝试改变一下自己的工作方式。

正如我之前提到的，内向者中有很多成功人士，而他们的工作乍一看似乎并不适合他们。以销售为例，如果你从事销售工作，就必须有临场发挥的本事，你还要和很多陌生人交谈。这种工作怎么看似乎都不适合内向型性格的人。

但是，据我所知，很多内向者在销售行业做得风生水起。他们的共同点是他们都了解自己是内向者，并且在工作中发挥了自己的性格优势。

渡濑谦是一位"无声销售培训师"，他为内向型性格的销售人员提供培训。他本人也是性格内向的人，他曾有过利用自己沉默寡言的"优势"，使自己成为顶级销售员的经历。他从不强迫自己表现得开朗，而会坦诚地告诉客户自己不擅长聊天，但同时他也一定会准备好相关商品资料。因此，他与客户建立了很好的信赖关系。

这只是一个例子。如果你正视自己的内向型性格，并想办法发挥自己的优势，那么你在任何行业都会是佼佼者。

无须攀比他人

虽然有些不可思议，但是当我知道自己是内向者时，我就不再会与他人一较高下了。这里的"他人"不分外向或内向。在这个世界上，有内向的人，也有外向的人，但是你只要做好自己就可以了。

人不必刻意改变自己，因为你会发现这根本没有意义。每个人的性格都是与生俱来的，我们应该充分利用自己的性格优势。

有些人因为与他人攀比而苦恼，在看到别人的优点时会想："我为什么不能这样呢？"但是，当你意识到人与人之间有所不同的时候，你就会想："在某一方面，那个人可能略高一筹。不过，我在其他方面也有优势。"

这样一来，你不仅能尊重自己，也能尊重别人。贬低自我和攻击他人其实是分不开的。

记录你的想法

内向者的武器是其强大的思考力。他们的脑回路长，思维能力强，这就意味着他们有深度思考的能力。内向者的思维不论在深度上还是在广度上都有优势。

然而，遗憾的是，很多内向者却不会好好利用自己的思维优势。由于内向者不擅长短时记忆，所以总是出现这种情况：好不容易思考的内容在变成长时记忆之前，内向者就会把它们忘掉。"哎呀！我记得我想到一个好办法，但是我现在怎么忘记了呢？"——想必不少人都有过这样的体验吧。

在这种情况下，尽量把自己的想法写下来，然后记录在笔记本或博客上。如果你养成了经常记录自己想法的习惯，你就能保留那些重要的想法。

以书面形式表达自己的想法，对于内向者来说还有其他重要的意义。

这就是他们可以通过将内心世界"可视化"这一过程来释放压力。内向者会花更多的时间关注自己的内心（如他们喜欢独立思考）。换句话说，对于内向者而言，他们的内心世界就是他们的避风港。

能了解自己内心的人只有你自己。

复盘失败

如果你有记录和复盘的习惯，你就可以从失败中有所获得。纠结于过去是没有用的，内向者如果能利用自己的思维能力深入分析错误，就一定会有所收获。

比如，你在工作中输给了竞争对手。这种时候每个人都会觉得郁闷，对吧？郁闷本身是一种很正常的情绪，所以你感到郁闷是无可厚非的。然而，如果你只是郁郁寡欢却不进行下一步行动，那你就根本无法进步。你失败的原因是什么？下次要怎么做才会赢？我建议你把这些都记录下来，不管是笔记本、手机，还是其他什么东西，在记录的时候要尽量使用这些工具。

输出也是走出"非生产性"抑郁的有效途径。你冷静地回想一下就会发现，通常你只有在没有输出的时候才会情绪低落。这是因为，当你试图通过生产和输出来克服失败和焦虑时，你就没有沮丧的时间。

内向者往往会沉浸于过去，但反过来说，这也可以看作其"反省能力强"和"抗逆境能力强"的证据。换句话说，他们抓住发展机遇的可能性更大。

在我 2018 年 9 月举办的讨论会上，参会者通过社交媒体分享了他们感兴趣的话题。如果你想进一步了解内向者如何从一件事中获得启示和成长，我建议你可以查找一下相关内容。

舍得自我投资

内向者对物质的欲望不是很强，我也如此。如果有一个内向者，总是有很多想要的东西，如衣服、手表、茶杯，那么这个内向者当属异类。对物质的欲望之所以不强烈，是因为内向的人对身外之物"不感冒"。这和领导的命令等外在激励不能激发他们的积极性的道理是一样的。

另外他们不喜欢刺激，也不会在娱乐上花很多钱。这大概也是为什么很少有内向者喜欢赌博和夜生活的原因。

我也是如此，不贪图享乐，在这一方面我可以节省很多钱。换句话说，内向的人消费少，拥有很高的"性价比"。

我建议内向者用手头的流动资金给自己投资。与其把钱花在购物或娱乐上，还不如把钱花在提升自己的"内涵"上，比如提高技能、培养兴趣等，这样你会感到更加幸福。

只设定一个目标

当我开始自己的事业时，我只有一个目标："让全世界的人更加了解内向型性格"。一般来说，刚开始从事自由职业的人都会设定清晰的目标，比如"我要在 1 个月内赚到 100 万日元"。但作为一个内向者，我觉得这样的目标一点魅力也没有。

现在流行制定多个目标、完成多重任务，或者在设定一个目标时，再设定一个"备用"目标，但我认为这并不适合内向者。分散注意力是内向者的大忌，他们不善于同时思考多件事情。

即使有的目标看起来有些难度，但只要内向者做好准备、专心致志，就很有可能实现目标。如果你制定了太多的目标，那么最后往往会半途而废，这也会让你感到沮丧。

制定目标时，无论是工作目标，还是个人生活目标，请尽可能只关注那些"你绝对会做的事情"。

我曾经讨厌自己有拖延症，迟迟不采取行动，但后来我惊奇地发现，内向者可以为自己想做的事情和深信不疑的东西迅速采取行动。因此，自从学会专注于一个目标之后，我的生活变得简单而充实。

学会自我控制

正如我在前文中描述的那样，调节内向者身心平衡的是副交感神经系统。他们放松时，副交感神经系统占优势；他们兴奋时，交感神经系统占优势。

但是，即使是内向者，也经常会出现被交感神经系统支配的情况。

例如，他们在运动时，交感神经系统占主导地位；他们和别人发生冲突时，交感神经系统也会占主导地位。

对外向者来说，交感神经系统和副交感神经系统可以自如切换。但对于内向者来说，如果有太多工作，或与太多的人来往，交感神经系统就可能会因兴奋而忙得不可开交，这样一来自主神经系统也会受到干扰。自主神经系统对精神和身体健康都有影响，这就可能导致健康状况不佳并引发疲劳感。如果你是一个内向者，在感觉不舒服的时候，你的自主神经系统可能正处于失去平衡的状态。

这种时候，要有意识地增加副交感神经系统占主导地位的时间，让身心得到休息。冥想、轻度拉伸、沐浴等都是有效的办法。

安静解压法

要注意，在缓解压力的时候，内向者和外向者采取的对策恰好相反。正如我之前所说，当人们有压力时，我们占主导地位的神经系统就走向前台。换句话说，外向的人感到压力时，交感神经系统会占主导地位；而内向的人感到压力时，副交感神经系统占主导地位。

如果占主导地位的神经系统不同，那么缓解压力的方法自然也不同。如果你是一个外向的人，那么交感神经系统负责你大脑中的兴奋区域，因此你的减压方式可能是在酒吧喝酒或者在练歌房里放飞自我。事实上，人们推崇的大多数减压方式都比较吵闹。

现代社会，外向者减压的方式已经成为标准减压方式，这对内向者来说是一个圈套，这会让他们误以为自己也适合这种减压方式。当压力过大时，负责放松的副交感神经系统会在内向者的神经系统中占主导地位，嘈杂的外界环境反而会让他们感到疲惫。很多内向者曾去酒吧试图释放压力，最后却发现自己因此变得更加疲劳。

内向者可以通过在安静的环境中独处来恢复精力。我们要记住"聚会解压"并不适合性格内向的人。

【社交篇】

潜在优势 14：可以建立更
牢固的人际关系

内向者的交友规则

　　曾经有一个内向者向我请教，他说想结交一个朋友，但是不知道该怎么做。他并不是爱慕对方，而是很单纯地想要和那个人成为朋友。

相信很多人都有类似的烦恼。许多内向的人认为自己不擅长与他人相处。

这种想法是错误的。你只需要利用自己内向的优势来处理人际关系就可以了。

我告诉那个内向者："当你做好接近他的心理准备时，就走向他。"内向者善于不慌不忙地做准备。即使对于人际关系，他们要遵循的这个基本原则也不会变。

具体来说，我建议他研究对方可能感兴趣的话题，在对方可能感兴趣的话题中找出自己也感兴趣的话题（因为内向者不会对自己不感兴趣的事情产生动力），并对这些话题做初步的研究。

如果你和一个电影爱好者聊天，那么你应该对对方可能喜欢的导演和电影做一些"前期准备工作"，至少能够自然地说出"我推荐 ××× 这部电影""你看过 ××× 的作品吗"。虽然这听起来像是一个过时的恋爱技巧，但是因为它确实有效，所以一直被人们使用。

重要的是，无论在什么场合都要坚守适合内向者的规则。而内向者交友的基本规则就是："你应该用心做好准备。"

谈恋爱的能力

刚才我举的例子并非关于恋爱咨询的解答，但似乎很多内向者都有关于爱情的烦恼。内向者不擅长和别人相处，所以在恋爱中也显得笨手笨脚，这会导致他们经常妄自菲薄。

可是，事实并非如你所想。

假使内向者没有谈恋爱的能力，那他们就不会存在于这个世界上了。我们的性格和身体一样，都会受到基因的影响。当今世界之所以有这么多内向的人，是因为与内向型性格相关的基因世代相传。

基因由父母遗传给孩子，所以至今尚存内向型性格的基因。这也说明过去曾有无数的内向者谈情说爱、世代繁衍。内向者在恋爱中不一定会拖后腿。

如果说你觉得自己内向的性格在恋爱中拖了后腿，那就是你的方式不对。所以，要了解内向者的优势，并将其应用到建立恋爱关系中。

应该怎样接近你想接近的人呢？我已经告诉了你应该做什么准备，但是除此之外还有其他事情要做。比如，比起集体社交，我建议你尽量创造"一对一"的机会，因为内向者更擅长"一对一"社交。

外向者的最佳搭档

另外，在恋爱和工作中，内向者完全没有必要避开外向型性格的人。不如说，内向的人和外向的人很合得来。

我已经结婚了，我的妻子是一个非常外向的人。与我截然不同，她总是闲不下来，她的口头禅是"好闲啊"。如果她一直什么都不做的话，就会很痛苦。去山上观赏红叶的时候，我和妻子的状态也不一样，我会驻足欣赏，但是妻子只是看一眼，享受了氛围后就会感到很满足。并且为了寻求更多的刺激，她会迅速地赶往下一个景点。可以说，她是一个典型的外向者。

这样看来，我和妻子似乎没有办法一起生活。但是出乎意料的是，到目前为止我们却相安无事地生活在同一屋檐下。说句实话，很多时候，我很感激妻子的外向。

比如说，作为一个内向者，我有时想去某个地方，但是我需要很长时间才能下定决心，所以我很难动起身来。但是这种时候，我有一个外向的妻子，她会拉着我把我带到外面。在家里，一般都是妻子出主意，比如提议"我们去旅游吧"之类的。

尽管如此，我也不是惧内的人，并非对她言听计从。确定好目的地以后，我的工作是制定详细的行程表，然后决定旅行路线。这种角色分工并不是我们商量好的，而是由我们不同的性格决定的。

有趣的是，对于外向的妻子而言，我也是一个不可或缺的人。因为我有她这样一个外向者所没有的优点。例如，当她买电器等贵重物品时，她可能会一时冲动当即买下，但是因为有我在一旁冷静地与其他产品进行比较，并且会先考虑这些东西是否是必需品，所以我往往能抑制她的购物冲动。

不仅是婚姻关系，其他关系也一样。当然，如果能和一个内向者合得来也是一件好事。无论是交流一些深奥的、狂热的东西，还是一起外出，因为你们很合拍，这会让双方都很享受。因此你要知道，内向者可以和外向者玩耍得非常愉快。

让大家知道你是一个内向的人

但是，当你和外向者交往时，有必要让对方知道你是一个内向的人。刚结婚的时候，我还保留了一间自己的房间。有一天，妻子突然闯进我的"领地"，我就提醒她今后要注意。不料我这样做却惹怒了妻子，她愤愤不平地埋怨我伤害了她的自尊心。

我告诉她我是一个内向的人，因此我需要独处的时间和空间，后来她慢慢理解并接受了我的想法。从那以后，当我一个人在房间时，妻子要想进来就会先敲敲门（这也成了我家的规矩）。

话虽如此，如果你不了解自己是一个内向者，你就无法让对方深刻了解你。从这层意义上讲，先了解自身最重要。只要你们双方都意识到并了解对方的性格，就会减少不必要的冲突，也能更好地共同成长。

总 结

1. 内向者只要肯花时间，就能高质量地完成工作。
2. 无论什么工作，只要是以适合内向者的方式进行的，这项工作就能被他们很好地完成。
3. 内向者和外向者的减压方式不同。
4. 内向者和外向者能够合得来。

给外向者的建议：如何与内向者打交道

本书的受众以内向者为主，然而我想很多人虽然不是内向型性格，但是在工作中却要和内向者打交道。那么如何与内向者打交道呢？

关于这一点，本书有详尽的介绍，我归纳为以下几点。

● 珍惜交谈中的停顿

不要要求内向者能够迅速做出反应。他们需要思考的时间。请理解这不是因为他们在发呆。更重要的是，不要把没有立即得到回应理解为拒绝或不满。

我过去也为此大伤脑筋。当我的领导问我"你能在明天之前完成这项工作吗"时，我开始思考自己能不能做到，所以没有立即回复。但在领导看来，这种"停顿"似乎是不满的表现。如果你给内向者一点时间，内向者会给你一个可靠的答案。不要急躁，也不要过分解读这种"停顿"，只需要稍稍等待就好。

● 创造一个容易集中注意力的环境

创造一个能让内向者集中注意力的环境也很重要。内向者对刺激很敏感，当他们的注意力被打断后，他们需要较长时间才能恢复。所以，请尽可能避免因闲谈或聊天打断他们的注意力。

如果可以的话，我们最好能在工作场所建立隔断。如果条件不允许，可以让内向者在单独的会议室工作，或者戴上耳机阻断外界的声音。

• 准确告知任务的目的和意义

内向者脑海里的想法很多，但他们不善于表达自己，也不善于提出问题。在给内向者下达任务时，不要只给他们下达任务内容，还要告诉他们这项任务的目的和意义。当然，他们即使不知道目的和意义，仍然可以完成工作。但是，如果告诉他们任务的目的和意义就能改变他们的工作动机，从而可以大大提高他们的工作效率。

你可能会想："我必须这么小心翼翼吗？真麻烦！"但请认真想一想内向者的优势：他们不像外向者那样需要那么多的"外在"动机，如较高的收入或社会地位。最重要的是，内向者有许多外向者所没有的优点。如果内向的人和外向的人合作，或许能组建出最强的团队。

第六章

和你一样的
内向者

【案例篇】

　　我为内向的人提供咨询，目的是为了让他们能够知道并接受自己是一个内向的人。我写这本书的初衷亦在于此，绝对不是鼓励大家成为外向型性格的人。

　　言不尽意，我用语言很难完全表达清楚。即使你读到这里，或许你对自己的内向型性格仍然没有自信。

　　我的很多学员也同你一样。在培训的过程中，我会让学员回忆过去的成功经历，从而找到对内向型性格的自信，但是过程并没有那么一帆风顺。因为整个社会都认为"外向是好性格"，所以内向的人很难发掘自己的成功体验和性格优势。

下面，我想列举我见过的内向者的几个特点：

- 深思熟虑；
- 知足常乐；
- 很有主见。

可是，如果在以外向型性格为主导的价值体系下看待这些优势，就会导致以下结果：

- 脑子反应慢；
- 对刺激敏感，容易疲劳，不思进取；
- 面对金钱和地位的激励也无动于衷。

而这些往往被人们解读为"弱点"。

诚然，外向者往往容易忽视内向者的性格优势。可是，问题的关键不在于外向者是如何看待内向者的，而是就连内向者本人也意识不到自己的性格优势和成功体验，这就容易导致他们失去自信。如果你花时间努力回忆一下，你就会发现自己有很多成功的经历，但是大多数人似乎只记得自己的失败体验。

因此，如果你不尝试着去寻找自己的成功经历，那么恐怕你就无法摆脱错误的认知，误认为自己迄今为止一事无成。

　　我是如何寻找并利用自己的成功经历的呢？主要有以下三个步骤：

　　（1）把自己的成功经历写在纸上；

　　（2）对照本书中所描写的成功案例，看看自己有没有类似的经历；

　　（3）分析这些经历，总结应该如何合理利用自己的内向型性格。

　　具体执行起来或许更加复杂，在此我只简单地列出来，在后文还会详述。如果能够做到以上几点，你就会对自己的内向型性格信心满满。

　　但是，如果你仅仅照葫芦画瓢，那么或许见效甚微。读罢本书，你可能还有点云里雾里、似懂非懂，那么唯一的解决方式就是通过实践来认识内向型性格的本质和优势，就像我指导学员一样，我也是通过实践摸索出来的。

　　因此，基于上述观点，我将分享一些我遇到的内向者的真实经历和具体的指导方针，再介绍一些可以帮助你获得自信的方法。

别低估了自己的社交能力

> **案例 1:"在职场上,我不能顺利地与人交往。"**
> (女,20 多岁,公司职员)

烦恼 1: 在公司里,她无法融入大家的话题,自己也不想融入。因为她对大家谈论的话题不感兴趣,不知道该说什么好。

她认为自己"社交能力差",但我认为这只是她自己错误的想法,所以我咨询了她过去的几个朋友。

结果我发现,她有几个好朋友。她本人并不是孤家寡人。而她的烦恼与大多数内向者的烦恼一样——她低估了自己的社交能力。

接下来，我建议她寻找自己与好朋友的相似之处。这样做是为了了解她可以发挥社交能力的范围。

答案显而易见。她喜欢时尚，她的好朋友也很喜欢时尚。事实证明，时尚是她和朋友们共同的话题。

从这里可以看出，当她遇到和自己有共同兴趣爱好的人时，她就能表现出较强的社交能力。而我也发现，在兴趣相投的人面前，她就能谈笑风生。

于是，我给她提了三点建议：第一，她绝不是一个不善于沟通的人，因此不必为此而烦恼；第二，话不投机半句多，没必要迎合那些与自己性格不合的人；第三，酒逢知己千杯少，珍惜那些与自己投缘的人。

这个案例很典型，也是内向型性格的人普遍面临的社交难题。所以我开门见山地提出了这一问题。如果试一试你就会发现本书所建议的解决方法都是行之有效的，比如"要打起精神面对自己感兴趣的领域""不必勉强自己和志向不同的人相处"等。

不要把不安和烦恼混为一谈

案例 2："我没有什么朋友，所以总觉得心神不安。"（女，30 多岁，家庭主妇）

烦恼 2：她因为没什么朋友而感到不安，害怕自己以后会很孤独。

很多人都有这种说不清的不安。但我发现说自己不安的人，似乎并不知道自己到底为何不安。

在咨询完她的基本情况之后，我并未发现有什么问题。她有一个优秀的丈夫，与父母关系和睦，"死党"虽然不多，但也有几个。她还有一个能够定期"抛头露面"的社交圈子，我发现她有很强的人际交往能力。

更有意思的是，她也很满意自己目前的人际关系。作为一个内向者，她不是那种渴望有很多朋友的人。但是，她固执地认为自己"必须有很多朋友"，这使她的不安感越来越强烈。像她这样的人似乎不在少数。

这一点很重要，但是"烦恼"与说不清的"不安"有很大的区别，"烦恼"源自具体问题。但是从这个案例中我们可以看到，折磨她的不是烦恼，而是不安。

我可以为她的烦恼提供解决方案，但我无法为她说不清的不安出谋划策。可是在大多数情况下，不安的背后是执念，如果我们能够解决这些执念，就会慢慢地放下这些不安。在这个案例中，"必须有很多朋友"这样的执念令她感到不安。

有的人或许正在经历这种不安，但你不应该像解决烦恼一样去"解决"不安。这是因为不安的背后是错误的执念，所以用解决烦恼的方式去"解决"不安是无济于事的。如果这个案例中的女士试图"解决"自己"朋友少"的不安，那么她就会强迫自己广交朋友，但是这样做必定会让她精疲力竭。

你也可以独当一面

案例 3："我的朋友很少，很少有人能和我合得来。"（女，30 多岁，网络作家）

烦恼 3：她是一个自由职业者，常常独来独往。她想多交朋友，但即使加入了有共同兴趣的社交圈子，她也找不到合得来的人。

这个案例和上个案例相似，不过这个案例中的女士是一名自由职业者，最近有越来越多的自由职业者前来咨询。我和他们交谈之后，发现他们其实没有什么问题。他们说自己的工作很多，但即使独自工作也完全不会感到辛苦。

换句话说，她不需要强迫自己和很多人交朋友。我向她介绍了书中所描述的内向者的特点。我认为，朋友在于精，而不在于多。朋友和熟人少没关系，人生只要得几个知己就可以了。

随后，她松了一口气，令她不安的问题就这样迎刃而解了。

根据我的经验，所谓人际关系中的"烦恼"，其实很多都是不需要刻意去解决的。人们本不需要感到不安，但是往往因为自己的执念而庸人自扰。

内心的不安不是靠"解决"来处理的，而是要从根本上改变错误的想法，这样你的内心才会得到满足。而且把不安和烦恼混为一谈并不是一件好事。

但是，我们也不能将烦恼置之不理，而必须尽力解决它。内向者的烦恼在工作关系中比在个人关系中更常见。

做出抉择

> 案例 4:"我工作太忙,感到心累。"(男,30 多
> 岁,摄影师)

烦恼 4: 他基本上对所有人都有求必应,每天都
有很多拍摄任务。虽然工作多是好事,
他却因此心力交瘁。但是,他也意识到
如果想提高自己的技术,就要增加工
作量。

这种人在内向者中很常见,他们总是有一种"我必须"的惯
性思维。比如"不能拒绝工作""必须完成大量工作"等。

但是,这位摄影师却因此而感到心力交瘁,最后来找我咨

询。在职场人士中比较常见的类型就是不管什么工作都会接受的人，他们最后让自己受到的外界刺激过多，从而感到疲惫不堪。

我给他提出了建议："你为什么不减少工作量，只专注拍摄你喜欢的东西呢？"我把"专注于自己喜欢的东西"这一内向型性格的基本原则应用到这位摄影师身上。在这种情况下，我认为如果把精力放在自己喜欢的事情上，而不是来者不拒，那么你对工作就会产生高度的积极性。听罢我的建议，他虽然有些不安，但是表示会减少自己的工作量。

过了一段时间，我再和他交谈，他告诉我："虽然有一段时间收入减少了，但我在自己喜欢的拍摄领域却有了很大进步。最后我拍摄的品质上升了，收入也增加了。"现在，他似乎很享受自己的工作。这并不奇怪，因为他开始专注于自己喜欢的事情了。

这个案例是内向者能够放弃自己的执念，并且做出抉择的典型案例。我不建议内向者将眼光投向太多领域。

梳理你的梦想

案例 5："我想调岗。"（男，40 多岁，公司职员）

烦恼 5：他觉得自己在现在的部门需要处理很多事情，而且他感觉和别的部门的人一起工作，不适合自己这个内向的人。因此，他正在考虑换部门。

这位男士苦恼于现在的工作不适合自己。他想调到一个可以集中注意力、有专属任务的部门。在现在的部门，他要承担多项任务。不过，他也有根据实际情况换个工作的想法。

据我观察，这位男士性格内向，显然不适合现在的部门。他需要承担多项任务，与其他领域的人接触较多。他一定感觉很疲惫。

但是有一个问题，虽然他似乎考虑了很多，但是他并不清楚自己想做什么。

所以我建议他厘清并明确自己的梦想。如果不知道自己的心之所想，那就无法决定自己要做什么。

内向者擅长思考，但是往往最后会走弯路。这可能是由于他们不擅长短时记忆。因此，正如我在本书中多次提到的那样，最好一边思考，一边把自己的想法记下来。

最后，他决定调到一个分工明确的部门，这样他就能专注于一项工作。他意识到自己渴望有专属于自己的工作。

跳槽之前需要想好的事

如案例 5 所示，为了寻求更好的环境，许多内向者都会考虑换工作、调到其他部门，或者离开公司自己创业。

确实，在这个终身雇佣制度逐渐瓦解的时代，转行或自己创业都是可行的选择。而且，正因为我离开公司开始创业，今天才能小有成就。毫无疑问，我的选择是正确的。

但是，如果仅仅因为"工作环境不适合我"这样的原因就换工作的话，会产生很大的风险。无论你在什么公司、做什么工作，这个世界目前还是以外向型性格为主流的。如果你想跳槽的原因是因为你是一个内向的人，那么无论你去哪里工作，情况都不会有所改善。

所以我建议那些想跳槽或单干的内向者，先学会如何发挥自己的内向优势。在这之后，如果你还是认为你工作的地方不适合自己，那么你的确可以考虑换一份工作。如果你每次都想着马上换工作，或者草率地换工作，那么你最终只会成为一个频繁换工作的"专职跳槽者"，而无法持续开创自己的事业。

我希望你能够记住以下几点。

- 了解本书中提出的内向者的优势。
- 不要随波逐流被"外向至上"的价值观所左右，要找到适合自己的价值观。
- 知道自己是一个内向的人，用适合内向者的方式工作。

反过来说，如果你在跳槽前忽视了这三点，你无疑会再次遭遇挫折。

7 种刺激，务必注意

> **案例 6：**"因为长期积劳，我觉得下班后非常疲惫，什么都做不了。"（女，20 多岁，制造商）

> **烦恼 6：** 她下班回家后，感到精疲力竭，所以什么都做不了。即使她的身体状况还不错，她还是会感到疲惫。

这位女性有一个烦恼，就是在工作时会感到格外疲劳。她肯定是一个内向者，身体状况也很不错。尽管如此，她还是常常感到疲惫不堪。

在这种情况下，我们当然应该减少刺激。但是，如果我只简单地告诉她"应该减少外界的刺激"，她恐怕会茫然不知所措，所以我告诉了她更具体的方式。

那就是将刺激分为 7 类，再逐一攻破：

（1）声音；

（2）计划；

（3）社交；

（4）思考；

（5）食物；

（6）选择；

（7）光（视觉）。

下面，我将按照上述顺序逐一介绍减少外界刺激的方法。

55 分贝，身心不累

对于第一种刺激"声音"，我建议内向者戴上耳机，以减少噪声。研究表明，内向者能够集中注意力的最佳环境是音量为 55 分贝左右的环境。

55 分贝的环境和图书馆里的环境差不多。而外向的人更喜欢 72 分贝左右的环境。72 分贝的环境相当于一个嘈杂的咖啡馆里的环境。

你能从中发现明显的区别吗？在一个以外向者为主的环境中，内向者难以集中注意力，那么内向者感到疲惫也就不足为奇了。

但是，有人发现戴着耳机可以减少 20 ~ 30 分贝的噪声。这就意味着，即使在相当嘈杂的环境中，我们也能够创造出对内向者来说没有影响的环境，所以耳机是他们的必需品。

我反复提到，内向者需要减少"计划"（第 2 类）和"社交"（第 3 类），但是别忘了"思考"（第 4 类）也是一种刺激。毋庸置疑，内向者善于思考，但思考是非常耗费精力的。

在这种情况下，将自己的想法以笔记或其他形式输出非常有效。所谓输出就是将脑海里的部分想法表达出来，这样就能缓解大脑所受到的刺激。另外，不必多言，你需要通过冥想来放松你的大脑。

食物也有刺激性

排在第 5 位的"食物"可能会让人感到有些意外。"食物"的刺激来源于咖啡因等成瘾性物质。这些刺激会让内向者感觉很累。

我想先说一说咖啡因。众所周知，内向者对咖啡因比较敏感，也就是说咖啡因对他们的刺激性比较强。可能你认为这是一件好事，但事实并非如此。少量的咖啡因可以让人保持清醒，但是如果内向者喝两杯咖啡，就会影响工作效率。

如果你是咖啡爱好者，你也可以在上班时间喝低因咖啡。另外，红茶和煎茶中也含有 30% ~ 50% 的咖啡因，注意不要饮用过量。

内向者要尽可能避免甜食和其他让人成瘾的食物。在通常情况下，吃一口这种"美食"会让你意犹未尽，你还想接着吃，"美食"的刺激性非常强。虽然偶尔吃一点没什么问题，但是摄入过多就会导致疲惫。

人每天要做大约 35000 次抉择

排在第 6 位的"选择"对内向者来说，也是一种刺激。就像我在前文中阐述的那样，选择吃什么、穿什么，对内向者来说是一种刺激。研究表明，人类每天要面对大约 35000 个选择。我们无法将这些选择全部取消，但是如果我们能将它们减半，我们就能消除由成千上万个选择所带来的疲劳。

请注意排在第 7 位的"光"。要注意降低房间中光照的强度，晚上请将智能手机的显示模式切换到夜间模式。如果你要长时间用电脑办公，那么选择防蓝光眼镜也有效果。

我在前文中给出过建议，内向者可以将书柜装上帘子以防看到书名，这样可以减少视觉刺激。同样，杂乱的场景进入内向者的视野也会导致他们产生疲惫感。在工作场合常见的电线和网线会让内向者觉得心烦，请将它们整理好或者移到看不见的地方，这样可以让你感觉好很多。

像这样，在减少外界刺激的时候，将刺激分类再逐一攻破非常有效。现代社会带来的外界刺激太多了，如果你不了解刺激的本质而只是简单地想"减少外界刺激"，那么你就很难做到这一点。

写晨间笔记，清理大脑

清理大脑意味着你需要定期释放杂乱无章的想法和不安。

我每天早上都会写"晨间笔记"，以此清理大脑。此时，我会找一个笔记本，不假思索地把脑海里的东西写下来。

这个笔记本仅自己可见，所以我也可以写下我的小秘密。比如"我想赚更多的钱""我的膝盖很痛""我中午想吃拉面""我害怕今天的演讲""感觉女朋友最近对我很冷淡"等。不管是什么，只要把自己的想法写下来就好。

可这只是写写而已，所以你可能会觉得这样做并不能解决烦恼。但是，如果去尝试一下你就会发现一件奇妙的事——你脑海里的想法会逐渐清晰，你的不安也会消失。这或许是因为你能够清除脑海中多余的想法。这就是"晨间笔记法"，非常适合要精确掌握想法的内向者。

内向并非拖延

案例 7："我有拖延症。"（女，30 多岁，制造商）

烦恼 7：她工作时总是拖拖拉拉，临近截止日期了才急急忙忙去做。她知道自己不应该这样，但总也改不了。

拖拖拉拉并非内向者的"专利"，但是内向者和外向者拖拉的原因并不一样。

在咨询过程中，这位女性的一句话说到了点子上。她说："我必须认真去做。"内向者总是会深思熟虑，对于眼前的工作，他们考虑得"面面俱到"，最后导致他们迟迟不能完成自己的工作。

她还表示，她之所以起得晚，是因为自己对处理工作这件事感到不安和害怕。换句话说，她的这种情况是思虑过度的表现。

当然，我们没有必要否定她的想法，因为做事深思熟虑是内向者的优点。正如前文所述，你可以将一个任务分解成几个简单的任务，按照工作的轻重缓急排好顺序，并逐一完成。

不要过度解读

案例 8："我很难向别人开口寻求帮助。"（女，30 多岁，公司职员）

烦恼 8：当她在工作中遇到困难时，她会犹豫不决，不知道要不要向周围人寻求帮助。因为她觉得这样做可能会给别人造成麻烦。

我认为内向的人有一个特征，就是很难开口向别人求助，也很难和别人搭上话。我也有过类似的经历，即使我想向领导提出心中的疑惑，也会担心他不喜欢我这样做。

我之所以认为这种情况在内向者中很常见，是因为这种顾虑背后的原因是"过度解读"，这是内向者的"本能"。

比如说，你鼓起勇气请求别人帮忙，但是对方拒绝了你，说："对不起，我现在很忙。"而内向者从本能上就会过度解读这些信息，最后导致他们胡乱联想，比如"他可能生气了""可能我太任性了"等。紧接着，内向者就会开始不安，并且变得更加难以与他人沟通。

为了避免过度解读，最好养成从字面意思理解对方话语的习惯。如果有人说"我很忙"，你可以简单地认为"这样啊，你很忙"。如果你试图深究文字背后的意思，那么最终会带来不必要的不安。

不要过度解读，要从字面意思理解，事实就是这么简单，平静地接受事实就好。

选择与专注

无论是减少社交还是减少刺激，都是内向者"选择和专注"的基本策略。"选择和专注"能够帮助我们了解什么对自己来说才是真正重要的。

比如说，当你减少了社交，你可能会感到孤独，你会说："哦，我想他／她了。"你真正想念的人，才是你真正需要的人。有一次，我妻子回娘家了，她回去一段时间后，平日里不会思念妻子的我开始想念她了。这说明，妻子对我来说是很重要的人。

如果你每天会和很多人相遇，那你就很容易忽视对你来说真正重要的人。但是如果你减少与他人相遇的次数，你就会发现对你来说谁最重要。被刺激环绕的生活恐怕会使你忽视真正宝贵的东西。

了解自己，树立自信

既然我们已经分析了这么多的案例，那么读者朋友们就应该开始着手准备剖析自己了。你是哪种类型的内向者呢？如何才能让自己变得更自信呢？

你需要准备记录想法的工具（可以是笔记本，也可以是电脑）。紧接着，你要回顾自己迄今为止的人生，并写下人生中快乐的事情。

要注意，要写自己"快乐的事情"，而不是"成功的经验"。

当今社会，很多人都在寻找"成功的经验"和"表现得外向的事情"。我们不应该这样，我们自始至终都应该寻找让自己真正愉快的、觉得舒服的经历。

它可以是小学时的一次演出，可以是和爷爷一起钓鱼，可以是一场足球比赛，可以是一次成功的考试，可以是你的初恋，可以是公司的一个项目等。不要担心，如果你仔细寻找，你就会找到很多快乐的回忆。

然后，请分析这些快乐的经历，找出让自己觉得快乐的原因。例如，前文所列举的案例 1 中的女性，她喜欢和时尚的人在一起，换句话说，她快乐的原因是朋友和自己兴趣一致。

同样，你最近学习成绩突飞猛进，可能是因为你遇到了一个适合自己的老师，或者对某些科目感兴趣；你在公司顺利地完成了一个项目，可能是因为你把杂务交给了下属，从而专心致志地去做。可见，如果你探究自己心情愉悦和事情发展顺利的原因，你一定会发现，总有自己能够发挥优势的地方。

能让你发挥性格优势的地方就是你丰富自己人生的秘密所在。

了解自己，发挥优势

内向型性格本身不好也不坏，它只是一种性格罢了。

因此，优势和劣势是密不可分的。就像外向者既有优点也有缺点一样，内向者也有优点和缺点。虽然看清自己的劣势很重要，但是靠自己的优势闯出一条出路不是更有意思吗?

但是，令人感到困扰的是，当今社会与内向者相关的信息并不多。所以，首先你要明确自己是内向的人，其次你要了解内向者的特征，最后你要想办法发挥自己内向型性格的优势。

内向者的时代已经到来

至少就我自己而言，了解了自己的内向型性格让我的生活轻松了许多。

当我意识到自己是一个内向的人后，我舍弃了一些多余的东西。这是因为多余的东西会带来我承受不了的刺激。一年多来没穿过的衣服和所有买来但没阅读过的书都被我卖掉或扔掉了。由此，我感到轻松了许多。

我也减少了房间里放置的东西。在我小小的房间里，有一张桌子、一个书架，除此之外就没有其他物品了。我在书架上装了帘子，把所有的电线都整理到看不见的地方。我把钱包、手表等小物件放在看不到的地方。只要减少视野中多余的物品，我就能更好地集中注意力。

成为独立的自由职业者也让我变得更加轻松。因为我基本在家办公，所以没有按时上下班的压力。当我想换换心情的时候，我就去咖啡馆工作，但是我会尽可能找一个人少的地方，让自己放松。我有一家最喜欢的咖啡馆，在那里我可以有一张桌子，而不是坐在喧闹的吧台前，我还可以用隔板隔开旁边的桌子，背景音乐也不会太吵。

自由职业的另一个好处是，我可以选择自己的工作和制订私人计划。我不必强迫自己去做不喜欢的工作，也可以在疲惫的行程后留出时间来恢复精力。我也减少了和气场不合的人沟通的机会。随之，我也改变了自己的工作方式，变得更加像内向型性格的人。商务会谈基本上都是在网上进行的，参会者主要通过互联网传递信息。顺便说一下，我的页面设计以让眼睛舒适为宗旨，不会让内向者因受到视觉上的刺激而感到疲惫。

日复一日，我越发感觉到，当今时代的发展越来越适合内向型性格的人。互联网的普及、社交平台的发展及终身雇佣制的瓦解，使得工作方式多样化，内向者可以选择适合自己的方式工作。此外，互联网和数码设备的普及，弥补了内向者的缺点，进一步巩固了我们的优势。

在这个时代，你没有必要遮掩自己的内向。你完全可以明确自己是一个内向的人，用适合自己的方式生活和工作。

总 结

1. 请剖析自己，寻找快乐的记忆，思考让自己快乐的原因。
2. 不安和烦恼是两回事。想一想让你不安的原因，而不是"解决"不安。
3. 把自己的想法和不安记在笔记本上，让它们从脑海中消失。

结 语

有一个童话故事叫《丑小鸭》。

故事描述了一只"小鸭子"的成长历程，它因为自己的外貌与周围其他小鸭子不同而烦恼，一直带着自卑心理长大。最后，它发现自己竟然不是丑陋的小鸭子，而是一只美丽的白天鹅。

内向者难道不就像这个童话故事中的主角丑小鸭吗？我们被错误的执念所困扰，认为自己不如周围的人。

但是，正如丑小鸭在知道自己真正的身份后开始变得幸福一样，内向的人在了解了自己的性格后，也能学会爱自己。对我而言，知道自己是一个内向的人，最大的好处就是让我爱上了自己。

内向者读完本书之后，请务必将这本书送给你的爱人、家人和朋友。这能让他们更加深入地了解你。

如果这本书能够帮助社会了解内向型性格的人，我将感到非常开心。

鸭子和天鹅其实没有什么优劣之分，但以为自己是鸭子的天鹅一定很辛苦。希望每一个读过这本书的人都能意识到，内向不是弱点，而是一种力量。

版 权 声 明